Harry Feldmann

Einführung in PASCAL

Harry Feldmann

Einführung in PASCAL

Skriptum für Hörer
aller Fachrichtungen ab 1. Semester

Friedr. Vieweg & Sohn Braunschweig/Wiesbaden

CIP-Kurztitelaufnahme der Deutschen Bibliothek

Feldmann, Harry:
Einführung in PASCAL: Skriptum für Hörer aller Fachrichtungen ab 1. Sem./Harry Feldmann. – Braunschweig; Wiesbaden: Vieweg, 1981.
(Uni-Text)
ISBN-13: 978-3-528-03342-2

NE: GT

ISBN-13: 978-3-528-03342-2 e-ISBN-13: 978-3-322-85542-8
DOI: 10.1007/ 978-3-322-85542-8

V O R W O R T

Das vorliegende Skriptum entstand aus Vorlesungen über PASCAL , die der Verfasser von 1978 bis 1980 an der Universität Hamburg für Studierende aller Fachrichtungen gehalten hat.

PASCAL (Revised Report) wurde 1972 von N. Wirth in einem Bericht der TH Zürich veröffentlicht. 1975 erschien ein PASCAL User Manual von K. Jensen und N. Wirth zum (Revised) Report. Heute gehört PASCAL mit zum Standardsoftware - Angebot der Großrechenanlagen- Hersteller und es wird zunehmend auch für Kleinrechner PASCAL implementiert.

Unter den modernen universellen und für strukturiertes Programmieren geeigneten Programmiersprachen ALGOL 68, PASCAL, PL1, SIMULA ist PASCAL am wenigsten umfangreich, daher am leichtesten lehrbar und erlernbar und sogar für Programmier- Anfänger ohne weiteres verständlich. Darauf ist wohl der weltweite Erfolg von PASCAL insbesondere in der Informatik - Lehre zurückzuführen. Auch dem Leser dieses Skripts soll ein leichter Zugang zu PASCAL ermöglicht werden.

Dazu verwenden wir das eigens für PASCAL von Wirth entwickelte Syntax- Diagramm (Anhang A1 ff), das die (leider noch kontextfreie) PASCAL - Grammatik adäquat und in einer fast von selbst verständlichen graphischen Form darstellt. Der Autor dieses Skripts hat gezeigt (H. Feldmann, Kurzvortrag GI - Tagung Berlin 1978), daß auf zwei Schichten erweiterte Wirth- Diagramme sogar kontext-sensitive Grammatiken gut verständlich darstellen können.

Um Sprachbarrieren abzubauen, wurden alle grammatischen Formulierungen von Englisch in Deutsch übersetzt; jedoch scheut der

Autor sich nicht, im deutschen Text auch öfter die englischen Fachausdrücke zu benutzen, insbesondere, wenn auf das englischsprachige Syntax- Diagramm Bezug genommen werden soll.

Dieses Skriptum soll auch denjemigen Leser offenstehen,der PASCAL nur für bestimmte, abgegrenzte Vorhaben, d. h. nicht deduktiv anhand der Grammatik, sondern induktiv anhand von Beispielen erlernen will. Dazu wurde das Syntax- Diagramm (wie im Original-(Revised) Report) als Anhang an den Schluß gestellt und die möglichst kurzen und instruktiven Beispiele so ausführlich erklärt, als gäbe es keine Grammatik.

Die Kapitel 0 (Einleitung), 1 (einfache Datentypen und READ/ WRITE), 2 (Programmkopf und Vereinbarungen) und 3 (Ausdrücke und Anweisungen) sollten vom Leser in der angegebenen Reihenfolge durchgearbeitet werden. Sie vermitteln ihm die PASCAL- Grundlagen. Daran anschließend folgen die gegenüber ALGOL 60 neuen interessanten Sprachmöglichkeiten: Mengen (Kapitel 4), Verweistechnik, Strukturen (Kapitel 5), umfangreichere (Standard-) Prozeduren (Kapitel 6 und Anhang A2) und Dateien (Kapitel 7). Als wichtigste Erweiterungen des PASCAL - Standards werden noch die externen Prozedurvereinbarungen (Kapitel 8) beschrieben.

Am Schluß jedes Kapitels findet der Leser eine Zusammenstellung von Testfragen, die entsprechend der Gliederung des Kapitels angeordnet und beziffert sind und dem Leser eine Kontolle über seinen erarbeiteten Wissensstand ermöglichen. Rechts neben den Fragen sind die Antworten notiert, die der Leser mit einem Blatt Papier abdecken und nur zu Kontrollzwecken einsehen sollte. Außerdem sind in Kapitel 9 über 100 Übungsaufgaben (Varianten mitgezählt) zu finden, darunter auch "nichtnumerisch eingekleidete" Aufgaben.

Als Musterlösungen mögen die in den Kapiteln 0 bis 7 behandelten über 40 ausführlichen Beispiele und die vielen Kurzbeispiele dienen.

PASCAL Programme sind weitgehend in üblicher mathematischer Formelschreibweise abgefaßt und erlauben außerdem in einfacher Weise Textverarbeitung mittels CHAR und FILE . Ein Typ STRING für Texte flexibler Länge (wie z. B. in ALGOL 68) ist nicht vorhanden. Durch Unterscheidung von Konstanten (CONST) und Variablen (VAR) wird die Verweistechnik (↑) in PASCAL übersichtlicher als in ALGOL 68. Leider entspricht die Schleifen- Konstruktion (drei verschiedene inkompatible Schleifensorten) und - Notation (zuviele BEGIN und END) in PASCAL nicht höchsten ALGOL 68 - Ansprüchen des strukturierten Programmierens.Da die Zukunft blockorientierter Programmierspachen ungewiß ist (moderne Haldentechniken mit Freispeicherverwaltung), kann das Fehlen von geschachtelten Vereinbarungsbereichen in PASCAL - Programmen (abgesehen von Prozeduren 6.2) unterschiedlich bewertet werden. Der ALGOL - Programmierer wird bedauern, daß in PASCAL keine ARRAYs mit dynamisch variablen Indexgrenzen vereinbart werden können (4.2.1).

Meinen Hörern und insbesondere den studentischen Mitarbeitern T. Fricke, A. Fricke und R. Pahl bin ich für die kritische Durchsicht des zugrundegelegten Vorlesungs- Skriptums und für Änderungsvorschläge zu Dank verpflichtet. Herrn A. Schubert vom VIEWEG - Verlag danke ich für seinen freundlichen Zuspruch bei dieser und den vorangegangenen Skript - Veröffentlichungen.

Für klärende Diskussionen auftretender Fragen danke ich Herrn M. Sommer (SIEMENS München) und Herrn R. Nicolovius (Hamburg).

Hamburg, 1980 H. Feldmann

I N H A L T S V E R Z E I C H N I S

0 EINLEITUNG

Da Grundbegriffe der Programmierung von Rechenanlagen heute bereits zur Allgemeinbildung gehören, braucht in dieser Einleitung darauf nicht eingegangen zu werden. Wir beginnen mit einfachen "sich selbst erklärenden" PASCAL - Beispielen.

0.1 Entwicklung von PASCAL

Das folgende kurze Programm gibt dem Leser eine Übersicht über die historische Entwicklung von PASCAL.

Jede Größe (Programmiersprache) AO,...,SI ist so strukturiert (RECORD structure), daß sie ihren Namen,ihren Editor, ihr Erscheinungsjahr und Verweise (referenced variable ↑) auf ihre drei Ahnen - falls nicht vorhanden auf NIL - bei sich trägt (siehe Verweisvariablen und RECORD- Strukturen Kapitel 5).

```
Graph der Struktur PA:               FO             (1957)
                                     |
                               .-----+-----.
                               |     |     |
                               CO    LI    AO       (1960)
                               |     |     |
                               '-----+-----'
                                     |
Der Leser sollte zu jedem            PL             (1964)
Namen in diesem Graph das            |
:= assignment im Programm      .-----|     AP
aufsuchen und die              |     |     |        (1966)
Verweise auf die Ahnen         EU    SI----'
nachkontrollieren.             |     |
                               PA----+-----A8       (1968-71)
                               |           |
                               MO          |        (1974)
                               |           |
                               '-----+-----'
                                     |
                                     EL             (1976)
```

```
PROGRAM AHNENTAFEL(OUTPUT);

 (*AHNENTAFEL VON PASCAL ALS (TRANSITIVE) RECORD-STRUKTUR*)

 TYPE TAFEL=RECORD
             (*SPRACH-*)NAME:PACKED ARRAY(.1..8.)OF CHAR;
             EDITOR:PACKED ARRAY(.1..22.)OF CHAR;
             (*ERSTERSCHEINUNGS-*)JAHR:INTEGER;
             AHN1,AHN2,AHN3:↑TAFEL
            END;
 VAR AO,A8,AP,CO,EU,EL,FO,LI,MO,PA,PL,SI:↑TAFEL;

BEGIN
 NEW(AO);NEW(A8);NEW(AP);NEW(CO);NEW(EU);NEW(FO);NEW(LI);
 NEW(PA);NEW(PL);NEW(SI);

 AO↑.NAME:='ALGOL 60';AO↑.EDITOR:='P.NAUR U.A.             ';
 A8↑.NAME:='ALGOL 68';A8↑.EDITOR:='A.VAN WIJNGAARDEN U.A.';
 AP↑.NAME:='APL     ';AP↑.EDITOR:='K.E.IVERSON U.A.      ';
 CO↑.NAME:='COBOL   ';CO↑.EDITOR:='CO(NF)DA(T)SY(ST)L(NG)';
 EL↑.NAME:='ELAN    ';EL↑.EDITOR:='(KOSTER) G.HOMMEL U.A.';
 EU↑.NAME:='EULER   ';EU↑.EDITOR:='N.WIRTH U.A.          ';
 FO↑.NAME:='FORTRAN ';FO↑.EDITOR:='J.W.BACKUS U.A.       ';
 LI↑.NAME:='LISP    ';LI↑.EDITOR:='J.MC CARTHY U.A.      ';
 MO↑.NAME:='MODULA  ';MO↑.EDITOR:='N.WIRTH               ';
 PA↑.NAME:='PASCAL  ';PA↑.EDITOR:='N.WIRTH               ';
 PL↑.NAME:='PL1     ';PL↑.EDITOR:='IBM-ORG.SHARE U.GUIDE ';
 SI↑.NAME:='SIMULA  ';SI↑.EDITOR:='O.J.DAHL U.A.         ';

 AO↑.JAHR:=60;AO↑.AHN1:=FO ;AO↑.AHN2:=NIL;AO↑.AHN3:=NIL;
 A8↑.JAHR:=68;A8↑.AHN1:=PA ;A8↑.AHN2:=SI ;A8↑.AHN3:=NIL;
 AP↑.JAHR:=66;AP↑.AHN1:=NIL;AP↑.AHN2:=NIL;AP↑.AHN3:=NIL;
 CO↑.JAHR:=60;CO↑.AHN1:=FO ;CO↑.AHN2:=NIL;CO↑.AHN3:=NIL;
 EL↑.JAHR:=76;EL↑.AHN1:=A8 ;EL↑.AHN2:=MO ;EL↑.AHN3:=NIL;
 EU↑.JAHR:=66;EU↑.AHN1:=PL ;EU↑.AHN2:=NIL;EU↑.AHN3:=NIL;
 FO↑.JAHR:=57;FO↑.AHN1:=NIL;FO↑.AHN2:=NIL;FO↑.AHN3:=NIL;
 LI↑.JAHR:=60;LI↑.AHN1:=FO ;LI↑.AHN2:=NIL;LI↑.AHN3:=NIL;
 MO↑.JAHR:=74;MO↑.AHN1:=PA ;MO↑.AHN2:=NIL;MO↑.AHN3:=NIL;
 PA↑.JAHR:=71;PA↑.AHN1:=EU ;PA↑.AHN2:=SI ;PA↑.AHN3:=A8 ;
 PL↑.JAHR:=64;PL↑.AHN1:=CO ;PL↑.AHN2:=LI ;PL↑.AHN3:=AO ;
 SI↑.JAHR:=66;SI↑.AHN1:=PL ;SI↑.AHN2:=AP ;SI↑.AHN3:=NIL;

 WRITELN(PA↑.AHN1↑.AHN1↑.AHN3↑.NAME,' IST AHNE VON ',PA↑.NAME);
 WRITELN(PA↑.NAME,' WURDE ',PA↑.JAHR,' VON ',PA↑.EDITOR,
         'HERAUSGEGEBEN')
END.
```

AUSGABE

```
ALGOL 60 IST AHNE VON PASCAL
PASCAL   WURDE             71 VON N.WIRTH                 HERAUSGEGEBEN
```

0.2 Einführende Beispiele

Diese ersten Beispiele sollten dem Leser mit etwas Erfahrung in Algorithmen ohne weiteres verständlich sein.

0.2.1 Anzahl der Buchstaben E in einem Satz

```
PROGRAM ANZAHLE(INPUT,OUTPUT);

 VAR SATZ:PACKED ARRAY(.1..14.)OF CHAR;
     ANZE,I:INTEGER;

BEGIN ANZE:=0;
 FOR I:=1 TO 14 DO
  BEGIN READ(SATZ(.I.));
        IF SATZ(.I.)='E' THEN ANZE:=ANZE+1 END;
 WRITELN('''',SATZ,'''',' HAT ',ANZE,' E')
END.
```

Eingabe	Ausgabe
BADEN VERBOTEN	'BADEN VERBOTEN' HAT 3 E

In PASCAL können ARRAYs nicht mit READ gelesen, aber (siehe strings 4.2.2) mit WRITE gedruckt werden und es können nur ARRAYs konstanter Länge vereinbart werden (kein FLEX wie in ALGOL 68). Das bedeuted in obigem Beispiel, daß nur Sätze bis zu maximal 14 CHAR verarbeitet werden. Da aber in diesem Beispiel der SATZ als Ganzes nie benötigt wird, sondern nur das jeweils zu untersuchende Zeichen, können mit Hilfe der Standard- Funktion "end-of-file" eof (siehe A2.4.2) Sätze beliebiger Länge auch wie folgt verarbeitet werden:

```
PROGRAM ANZAHLEIMFILE(INPUT,OUTPUT);

VAR CH:CHAR;
    ANZE:INTEGER;

BEGIN ANZE:=0;
 WHILE NOT EOF DO
  BEGIN READ(CH);IF CH='E' THEN ANZE:=ANZE+1 END;
 WRITELN(ANZE)
END.
```

Eingabe	Ausgabe
BADEN VERBOTEN	3

Statt Abfrage auf "end-of-file" könnte man auch eine Abfrage auf ein bestimmtes, selbst wählbares Ende- Zeichen (terminator) z. B. Punkt "." einprogrammieren und den Satz dann mit diesem Ende-Zeichen abschließen.

0.2.2 Fakultät für nichtnegativ ganzzahliges Argument

```
PROGRAM FAKULTAET(INPUT,OUTPUT);

 VAR IO:INTEGER;
 FUNCTION FAK(I:INTEGER):INTEGER;
  VAR F,K:INTEGER;
  BEGIN F:=1;FOR K:=1 TO I DO F:=F*K;FAK:=F END;

BEGIN
 READ(IO);WRITELN(FAK(IO))
END.
```

Eingabe	Ausgabe
3	6

Die Funktions- Vereinbarung legt fest, daß die Funktion FAK mit einem (nichtnegativ vorausgesetzten) ganzzahligen (INTEGER) Argument aufrufbar ist und ein ganzzahliges (INTEGER) Ergebnis liefert, das durch FAK:=... der Funktion als Wert angewiesen wird.

0.2.3 Turm von Hanoi

1883 erschien der " Tower of Hanoi" als Spielzeug, herausgegeben von "PROF. CLAUS, LI SOU STIAN", ein Anagramm "PROF. LUCAS, SAINT LOUIS", für den französischen Mathematiker Edouard Lucas. Die Original- Beschreibung des Spiels spricht von einem mythischen " Turm des BRAHMA in Benares" aus 64 Goldscheiben, die von den Priestern versetzt werden müssen, jedoch "wird vorher der Tempel zu Staub zerfallen und die Welt wird mit Donnergetöse untergehen". Berechnet man die Anzahl der Umsetzungen zu (2 hoch 64)-1= 18.446.744.073.709.551.615 und bedenkt man, daß zwar eine Million = 1.000.000 Sekunden in weniger als zwei Wochen vergeht, aber schon zu einer Billion = 1.000.000.000.000 Sekunden mehr als 30.000 Jahre erforderlich sind, so ist zumindest der Zerfall des Tempels unzweifelhaft. Selbst wenn die Priester sich eine Rechenanlage kaufen würden, könnten sie ihr Problem mit Scheibenanzahl = 64 heute und voraussichtlich auch mit künftigen Rechner- Generationen nicht lösen !

```
.----------------------------------------------------------------.
|                                                                |
| PROGRAM TURMVONHANOI(INPUT,OUTPUT);                            |
|                                                                |
|  (*SETZE SCHEIBEN 1,2,...,ANZ VON STAB A (VIA B) NACH C        |
|    OHNE AUF KLEINERE SCHEIBEN ZU SETZEN*)                      |
|                                                                |
|  TYPE SCHEIBE=INTEGER;STAB=CHAR;                               |
|  VAR ANZO:SCHEIBE;                                             |
|                                                                |
|  PROCEDURE  HANOI(ANZ:SCHEIBE; A ,   B  , C :STAB);            |
|   BEGIN IF ANZ>0 THEN                                          |
|    BEGIN    HANOI(ANZ-1      , A ,    C  , B      );           |
|          WRITELN(      'VON ', A ,' NACH ', C      );          |
|             HANOI(ANZ-1      , B ,    A  , C      )            |
|    END                                                         |
|   END;                                                         |
|                                                                |
| BEGIN                                                          |
|  READ(ANZO);HANOI(ANZO        ,'A',   'B' ,'C'     )           |
| END.                                                           |
|                                                                |
'----------------------------------------------------------------'
```

```
|Eingabe|Ausgabe                  Traditionell wäre  ANZ=64
+-------+------------             ( Brahma- Tempel in Benares)
|2      |VON A NACH B )
|       |VON A NACH C > 2 hoch ANZ -1 Umsetzungen
|       |VON B NACH C )
```

Wie man sieht, gibt dieses rekursive PASCAL - Programm in adäquater Weise den kurzen rekursiven " Turm von Hanoi"- Algorithmus wieder:

```
     A          B          C

    1|1         |          |      " Angenommen, man beherscht die
   22|22        |          |      Umsetzung von ANZ-1  Scheiben.

     |          |          |      Dann setzt man die obersten ANZ-1
   22|22       1|1         |      Scheiben von A nach B um,

     |          |          |      setzt die letzte ANZte Scheibe
     |         1|1       22|22    von A nach C um und

     |          |         1|1     setzt dann die ANZ-1  Scheiben
     |          |        22|22    von B nach C um."
```

Es gibt (theoretisch immer, Turingmaschine arbeitet nichtrekursiv) auch einen nichtrekursiven Algorithmus:" Man ordne A,B,C im Kreis an, rechtsrum für ANZ gerade, sonst linksrum, und setze dann Scheibe 1 um einen Stab rechtsrum (falls zulässig), Scheibe 2 um einen Stab linksrum (falls zulässig), Scheibe 3 um einen Stab rechtsrum (falls zulässig) u.s.w. und wieder von vorn bis zur (2 hoch ANZ)-1 ten Umsetzung insgesamt." Der rekursive Algorithmus ist leichter zu verstehen und zu programmieren (siehe oben), aber der nichtrekursive Algorithmus ergibt (heutiger Compiler- Stand) für große ANZ kürzere Laufzeiten.

0.3 Schreibweisen

Die Endzeichen, aus denen ein PASCAL Programm besteht, sind die im Anhang A1.1/2 aufgelisteten symbol, character und separator,

z. B. FOR (ein reserviertes word symbol, das von anderen word symbols, numbers und identifiers durch mindestens einen word separator getrennt sein muß).

0.3.1 Darstellungen und Ersatzdarstellungen

Andere Darstellungen sind möglich,

z. B. <u>for</u> n:=1 (für Handschrift) oder
z. B. **for** n:=1 (für Fettdruck).

Außerdem sind laut PASCAL-REPORT oder in Abhängigkeit von der gegebenen Implementation und hardware (Locher, Drucker etc.) Ersatzdarstellungen möglich, z. B.

Original- Darstellung	Ersatz- Darstellung	Implementation z. B.
:= (1 symbol)	:= (2 symbols)	PASCAL - Report
<> (1 symbol)	<> (2 symbols)	PASCAL - Report
	≠	CDC
<= (1 symbol)	<= (2 symbols)	PASCAL - Report
	≤	CDC
>= (1 symbol)	>= (2 symbols)	PASCAL - Report
	≥	CDC
.. (1 symbol)	.. (2 symbols)	PASCAL - Report
↑	kommerzielles a	Siemens
eckige Klammer auf	(.	Siemens
eckige Klammer zu	.)	Siemens
geschweifte K. auf	(*	PASCAL - Report
geschweifte K. zu	*)	PASCAL - Report
AND	^	CDC
	&	ASCII , Siemens
NOT	logische Negation	CDC , Siemens
OR	v	CDC
	|	Siemens
' innerhalb STRING	'' WRITE('''OH''') druckt 'OH'	PASCAL - Report

0.3.2 Verwendung des Syntax- Diagramms A1

Zur Beschreibung der Sprache PASCAL wird der gleiche Grammatik-Typ verwendet wie zur Beschreibung der Sprache ALGOL 60 ("kontextfreie Grammatik" N. Chomsky 1956) und zwar nicht nur in formelmäßiger Notation (" Backus- Naur- Notation", J. W. Backus 1960), z. B.

```
<identifier>::=<letter>|<identifier><letter or digit>
<letter or digit>::=<letter>|<digit>
```
,

sondern auch in graphischer Notation (N. Wirth 1971), z. B. (A1.3)

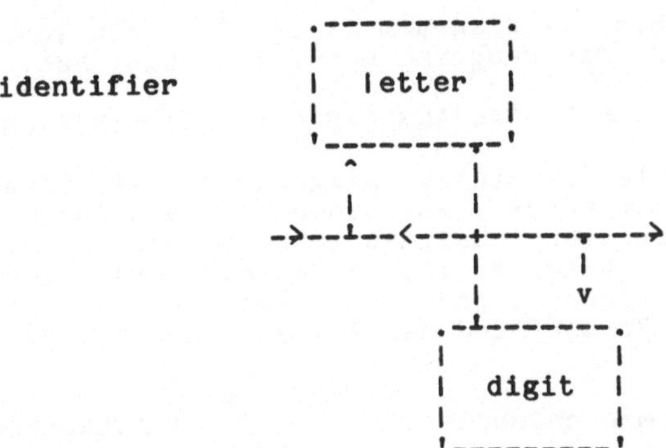

,

die in diesem Skript bevorzugt wird. Man beachte, daß die Regeln (graphische Teil- Diagramme) i. a. eine Vielzahl von verschiedenen möglichen PASCAL - Sprachteilen produzieren (nichtdeterministische Produktion, generative Grammatik). Hier im Beispiel könnten z. B. (letter, digit siehe A1.1) die identifier

K2R, X, A1, A2, NAME,... ,

aber nicht (beginnen nicht mit letter)

1A, 123, 1ZAHL,... ,

generiert werden. Nähere Angaben über die Startvokabel (hier identifier; für PASCAL program), über den Aufruf von Unter- Diagrammen (hier letter und digit; für PASCAL siehe A1) und über die schließlich zu generierenden Endzeichen (hier A,...,Z und 0,...,9; für PASCAL siehe 0.3) entnehme man dem " Syntax- Diagramm" im Anhang A1.

Formal-sprachlich interessierte Leser seien darauf hingewiesen, daß derartige "kontextfreie Grammatiken" nicht (wie z. B. die "zweischichtige Grammatik" für ALGOL 68, A. van Wijngaarden 1965, graphische Notation H. Feldmann 1978) in der Lage sind, die Generierung eines Zeichens von dem das Zeichen umgebenden Kontext abhängig zu machen, z. B. wäre (inkorrekt)

```
PROGRAM KONTEXTFREI(KONTEXT);
 CONST KON='TEXT';
BEGIN WRITELN(FREI) END.
```

(KONTEXT und FREI sind nicht definiert)

ein nach dem Syntax- Diagramm A1 zulässiges, aber dennoch auf Grund weiterer, nicht formalisierter Regeln, siehe 2, 6.2, in PASCAL unzulässiges Programm.

0.3.3 Kommentar

Ein comment (Syntax- Diagramm A1.2), d.h. ein Kommentar für den Leser, der für das Programm keine Bedeutung hat, z. B. (0.1)

(*AHNENTAFEL VON PASCAL ALS (TRANSITIVE) STRUKTUR*) ,

kann an jeder Stelle (im Syntax- Diagramm mit ->- bezeichnet) ins Programm geschrieben werden, ausgenommen innerhalb von identifier, innerhalb von number (bzw.unsigned integer) oder innerhalb von strings (im Syntax- Diagramm mit ->- bezeichnet). Dies gilt auch für die beiden übrigen separators (Syntax- Diagramm A1.2), den Stellen- Vorschub "blank" und den Zeilen- Vorschub "end-of-line".

```
0.4    Testfragen (mit Nummernhinweisen)              | Antworten
       =========------------------------------------+---------------------
                                                     |
0.1       Was würde  durch                           |ALGOL 68
       WRITE(PA↑.AHN3↑.NAME)                         |
       im Programm 0.1 ausgedruckt   ?               |
                                                     |
0.3       Welche der folgenden Zeichen sind          |
       standardmäßige,  d.h. nicht implementations-|
       abhängige  Endzeichen   ?                     |
          u                                          | ja
          Ü                                          | nein
          Ø                                          | nein
          !                                          | nein
          ?                                          | nein
          ↑                                          | ja
          ..                                         | ja
          MOD                                        | ja
                                                     |
0.3.2     Wieviele E in einer Kette erzeugt das      | kein E bzw.
       folgende Syntax- Diagramm   ?                 | mindestens zwei E,
                                                     | aber nicht ein E
          wieviel                                    |
                                                     |
       --+------------->---------------+->           |
         |    .-.           .-.        |             |
         |   .   .         .   .       |             |
         '-->| E |----->| E |--+--->--'              |
             .   .    ↑    .   .  |                  |
              '-'     |     '-'   |                  |
                      '-----------'                  |
```

1 EINFACHE STANDARD-TYPEN UND READ/WRITE

Die einfachen Standard- Typen

INTEGER,REAL,CHAR,BOOLEAN

sind im Anhang A2.2 standardmäßig vereinbarte Datentypen, aus denen sich mit Hilfe von noch zu besprechenden Programmkonstruktionen (4ff,5ff,6ff,7ff) komplexere Typen definieren lassen, z. B.

TYPE TEXT = FILE OF CHAR (siehe, Dateien 7).

Die einfachen Standard- Typen und TEXT bilden zusammen die Standard- Typen (A2.2).

Die Standard- Prozeduren READ/WRITE (A2.5.2) dienen der Ein/ Ausgabe von Daten.

1.1 INTEGER

Werte vom Typ INTEGER (A2.2), z. B.

-12 , 0 , 123

sind Elemente aus einer durch die jeweilige Implementation definierten Teilmenge der ganzen Zahlen, die durch die Standard-Konstante (A2.1)

festgelegt und für den Programmierer damit abfragbar ist.

Alle im Anhang A2.3-5 aufgelisteten (Standard-) Operationen, Standard- Funktionen und Standard- Routinen müssen so implementiert sein, daß alle ihre INTEGER - Argumente Werte vom Betrage kleinergleich MAXINT annehmen dürfen, solange alle ihre INTEGER - Ergebnisse dem Betrage nach kleinergleich MAXINT bleiben.

```
PROGRAM FAKBISMAXINT(OUTPUT);

 VAR FAK,I:INTEGER;

BEGIN
       FAK:=1;                      I:=1;
 WHILE FAK<=MAXINT/I DO
 BEGIN FAK:=FAK*I;WRITELN(I,FAK);I:=I+1 END;
                WRITELN(MAXINT,MAXINT)
END.
```

Ausgabe	
1	1
2	2
3	6
4	24
5	120
6	720
7	5040
8	40320
99999	99999

(hier ist vereinfachend ein kleineres MAXINT als sonst im Skript angenommen)

1.2 REAL

Werte vom Typ REAL (A2.2), z. B.

-27E-1 , -2.7 , 0.0 , 3.14 , +31.4E-1 ,

sind Elemente aus einer durch die jeweilige Implementation definierten Teilmenge der reellen Zahlen (die in PASCAL für den Programmierer nicht per Programm abfragbar ist, d.h. analog zu MAXINT gibt es nicht MAXREAL und SMALLREAL wie z. B. in ALGOL 68).

Eine vorzeichenlose Zahl vom Typ REAL (oder - falls kein Dezimalpunkt "." und keine Exponentenzehn "E" vorkommt - vom Typ INTEGER) hat nach Syntax- Diagramm A1.3 die allgemeine Form

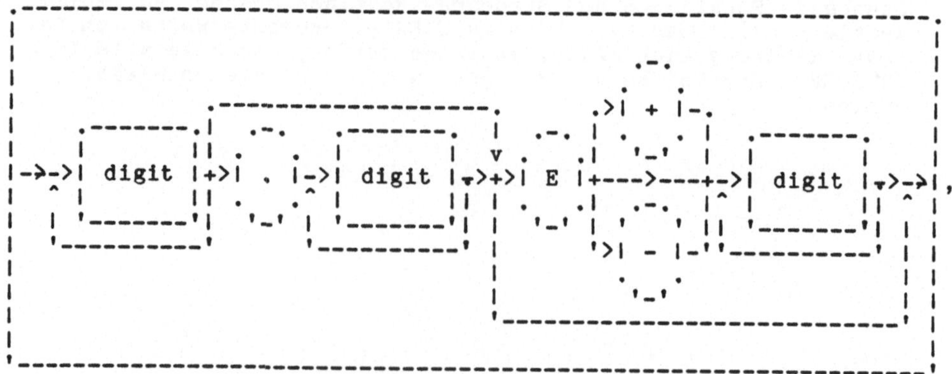

,

d.h. (inkorrekt, paßt nicht in das Syntax- Diagramm)

.1 , 1. , 1E , E1

wären keine zulässigen REAL (oder INTEGER) Zahlen.

Die (Standard-) Operationen, Standard- Funktionen und Standard-Routinen für REAL - Argumente (auch gemischt mit z. B. INTEGER - Argumenten) sind im Anhang A2.3-5 aufgelistet.

1.3 CHAR

Werte vom Typ CHAR (A2.2), z. B.

0 , 1 , 2 , A , B , C

sind Elemente aus einer durch die jeweilige Implementation definierten endlichen geordneten Zeichenmenge, die nach dem Syntax-Diagramm A1.1 (für character) mindestens

- die geordnete Menge der lückenlos aufeinanderfolgenden Ziffern 0...9,
- die geordnete Menge der großen Buchstaben A...Z und
- das blank- Zeichen (Stellenvorschub, Zwischenraum)

enthält und überdies noch

- eine implementationsabhängige Menge sonstiger Zeichen

enthält, die in PASCAL für den Programmierer nicht per Programm abfragbar ist (d.h. analog zu MAXINT gibt es nicht MAXORDCHAR wie z. B. in ALGOL 68).

Die Ordnung der Zeichenmenge ist repräsentiert (siehe Anhang A2.4) durch die Standardfunktionen ORD(CH) -ergibt die INTEGER Ordnungsnummer $\geq$0 des Zeichens CH- , CHR(ON) -ergibt das CHAR Zeichen zur Ordnungsnummer ON-, SUCC(CH) -ergibt das CHAR Nachfolgezeichen des Zeichens CH- und PRED(CH) -ergibt das CHAR Vorgängerzeichen des Zeichens CH- , wobei in PASCAL nicht ausgeschlossen ist, daß es implementationsabhängig " Lücken" in diesen Ordnungsnummern, Nachfolger- oder Vorgängerzeichen gibt.

Die (Standard-) Operationen, Standard- Funktionen und Standard-Routinen für CHAR - Argumente (auch gemischt mit anderen Argument- Typen) sind im Anhang A2.3-5 aufgelistet.

Im nachfolgenden Beispiel werden die im Anhang A2.3 für Operanden vom Typ string (4.2.2) vereinbarten Relationen + und = verwendet.

```
PROGRAM LEXIKON(INPUT,OUTPUT);

 VAR WORT1,WORT2:PACKED ARRAY(.1..3.)OF CHAR;
     I,J:INTEGER;

BEGIN
 WORT2:='UNO';FOR I:=1 TO 5 DO
 BEGIN
  FOR J:=1 TO 3 DO READ(WORT1(.J.));
  IF WORT1<WORT2 THEN WRITELN(WORT1,' STEHT VOR  ',WORT2)ELSE
  IF WORT1>WORT2 THEN WRITELN(WORT1,' STEHT NACH ',WORT2)ELSE
                      WRITELN(WORT1,' IST GLEICH ',WORT2)
 END
END.
```

Eingabe	Ausgabe implementationsabhängig z. B.
UNUNDUNOVOR	STEHT VOR UNO
	UN STEHT VOR UNO
	UND STEHT VOR UNO
	UNO IST GLEICH UNO
	VOR STEHT NACH UNO

Wie schon aus den bisherigen Beispielen ersichtlich, werden Konstanten vom Typ CHAR oder allgemein vom Typ string (4.2.2) gebildet durch Begrenzung der Zeichen oder Zeichenketten in Apostroph "'", z. B.

'O' , 'A' , ' ' , 'STRING DER ''LAENGE'' 22' .

1.4 BOOLEAN

Die Werte vom Typ BOOLEAN (A2.2)

FALSE , TRUE

sind die Elemente der Menge der logischen Werte (Georg Boole 1847).

Die (Standard-) Operationen, Standard- Funktionen und Standard-Routinen für BOOLEAN - Argumente (auch gemischt mit anderen Argument- Typen) sind im Anhang A2.3-5 aufgelistet.

Für die Ausgabe von Werten vom Typ BOOLEAN mit WRITE (siehe A2.5.5) kommen implementationsabhängig FALSE, TRUE oder andere links durch blanks verlängerte Worte (A2.5.5.9) in Frage.

Eingabe von Werten vom Typ BOOLEAN mit READ ist standardmäßig nicht vorgesehen (1.5, A2.5.4). Falls der Compiler auch implementationsabhängig keine READ - Eingabe für BOOLEAN hat, könnte man sich mit Eingabe von strings FALSE, TRUE (4.2.2) behelfen, die allerdings erst CHAR - weise mit READ gelesen und abgeprüft werden müßten.

1.5 READ/WRITE

Ohne an dieser Stelle im Skript bereits auf FILEs (Dateien siehe Kapitel 7) eingehen zu wollen, besprechen wir vorab die wichtigsten Eigenschaften der Standard- Ein/ Ausgabe- Prozeduren READ/WRITE , wie sie im Anhang A2.5.4/5 dokumentiert sind.

READ/WRITE können mit einer variablen Anzahl von Argumenten vom Typ

INTEGER, REAL, CHAR

und WRITE außerdem mit Argumenten vom Typ

BOOLEAN, string	(string 4.2.2)

aufgerufen werden.

READ - Argumente müssen Variable (2.4) und WRITE - Argumente müssen Ausdrücke (3.1) sein.

Durch Anhängung von LN (line) an die Prozedurnamen READ/WRITE wird nach dem Lesen/ Schreiben aller Argumente eine neue Zeile (Sprung von der laufenden Stelle der Zeile auf die erste Stelle der nächsten Zeile) ein/ausgegeben.

Bei READ - Eingabe müssen INTEGER- oder REAL - Zahlen voneinander durch blanks oder neue Zeile getrennt sein. Trenner zwischen CHAR - Zeichen sind nicht zu setzen.

Für WRITE - Ausgabe gibt es optional einfache Möglichkeiten zur Formatierung der Ausgabewerte. Dazu hängt man ggf. an das Argument mit Doppelpunkt ":" getrennt eine natürliche Zahl ≥ 0 an, die minimale

Gesamtbreite (field width)

für den Ausgabewert, die durch ggf. Auffüllen mit vorangesetzten blanks erreicht wird,und daran hängt man ggf. (aber nur bei REAL-Argument) mit Doppelpunkt ":" getrennt eine weitere natürliche Zahl >0 an, die

```
.-----------------------------------------------------.
|                                                     |
|  Breite nach dem Dezimalpunkt (fraction length)     |
|                                                     |
'-----------------------------------------------------'
```

für den REAL - Ausgabewert-in- Festpunkt- Dezimaldarstellung (dann ohne Exponententeil).

```
PROGRAM FORMAT(INPUT,OUTPUT);

 VAR I,J:INTEGER;
     R:REAL;
     C:CHAR;
     B:BOOLEAN;
     S:PACKED ARRAY(.1..6.)OF CHAR;

BEGIN
                    READLN(I)   ;WRITELN(I:5  );
                    READLN(R)   ;WRITELN(R:5:1);
                    READLN(C)   ;WRITELN(C:5  );
                    READLN      ;WRITELN(B:6  );
 FOR J:=1 TO 6 DO READ(S(.J.));WRITELN(S:7  )
END.
```

```
|Eingabe|Ausgabe
+-------+-------
|+12345 |12345
|-3.14  | -3.1      (reelle Zahlen beginnen mit blank, A2.5.5)
|A      |    A
|       | FALSE
|STRING | STRING
```

Obwohl nicht im Report vorgeschrieben ("left undefined" laut Manual) verlangen die meisten Compiler ein abschließendes WRITELN im Programm (siehe oben WRITELN(S)) zur Ausgabe der letzten ggf. nicht voll beschriebenen Zeile, die sonst vom Compiler nicht ausgegeben würde. Außerdem verlangen einige Compiler ein eröffnendes READLN im Programm zum Vorschub von der "0-ten Eingabe-Zeile" (mit blank besetzt) auf die normale 1-te Eingabezeile (mit den Eingabedaten besetzt), was allerdings für Zahlen- Eingabe (siehe oben I) überflüssig ist, da blanks vor Zahlen überlesen werden und am Zeilenende automatisch Zeilenvorschub gegeben wird.

Falls der Programmierer keine Angaben zur Formatierung von WRITE - Parametern macht, werden diese in einem implementationsabhängigen Standardformat ausgegeben.

1.6	Testfragen (mit Nummernhinweisen)	Antworten
1.1	Gibt es zwei verschiedene INTEGER Zahlen mit gleichem Wert ?	ja: 1 und 01
1.1	Kann man MAXINT im Programm neu vereinbaren ?	ja (kein word symbol, A1.1), aber kaum sinnvoll
1.2	Gibt es zwei verschiedene REAL Zahlen mit gleichem Wert ?	ja: 1E1 und 10E0
1.2	Welche der folgenden sind korrekte vorzeichenlose Zahlen ?	
	.10E10 bzw 10.E10 bzw -10E10	keine
	10E10 bzw 10E+10 bzw 10.10E-10	alle
1.3	Welche der folgenden sind korrekte CHAR oder string Konstanten ?	
	' bzw ''A'' bzw ''' bzw 'IN 'DM' PREIS'	keine
	'' bzw '''' bzw 'DREIFACH ''HOCH'''	alle
1.4	Kann man BOOLEAN im Programm neu vereinbaren ?	ja (kein word symbol, A1.1), aber kaum sinnvoll
1.4	Kann man FALSE bzw TRUE im Programm neu vereinbaren ?	ja (aber vorher muß BOOLEAN "unterdrückt" werden, 6.2.3)
1.5	Was wird ausgedruckt ?	
	WRITE(31415E-4:0:2)	3.14
1.5	Was wird ausgedruckt ?	
	WRITE('A':0)	A

2 PROGRAMMKOPF UND VEREINBARUNGEN

Ein Programm besteht nach Syntax- Diagramm A1.5ff aus einem

```
.-------------------------------------.
|                                     |
| Programmkopf, beginnend mit PROGRAM |  ,
|                                     |
'-------------------------------------'
```

einem nach Semikolon ";" folgenden

```
.----------------------------------------------------.
|                                                    |
| block, beginnend mit LABEL oder CONST oder         |
|        TYPE oder VAR oder PROCEDURE oder FUNCTION  |
|        oder mit BEGIN                              |
|                                                    |
'----------------------------------------------------'
```

sowie einem abschließenden

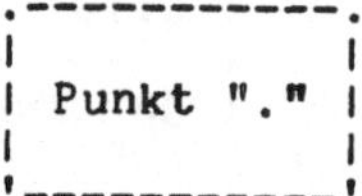

.

Nach PROGRAM steht im Programmkopf ein identifier für den Programmnamen, der innerhalb des Programms nur wie ein Kommentar (0.3.3) wirkt. Dann folgt in Klammern die Liste aller externen Dateien (7.2), die im Programm verwendet werden, z. B.

```
PROGRAM KOPF(OUTPUT);

BEGIN WRITELN('OUTPUT')END.

|Ausgabe
+-------
|OUTPUT
```

Kommen Vereinbarungen im Programm vor, so stehen sie in folgender verbindlicher Reihenfolge am Anfang des blocks durch Semikolon ";" getrennt:

- Ziel- Vereinbarung, beginnend mit LABEL (2.1),
- Konstanten- Vereinbarung, beginnend mit CONST (2.2),
- Typ- Vereinbarung, beginnend mit TYPE (2.3),
- Variablen- Vereinbarung, beginnend mit VAR (2.4),

- Routine- bzw. Funktions- Vereinbarungen (2.5), jeweils pro Routine beginnend mit PROCEDURE bzw. pro Funktion beginnend mit FUNCTION , diese in beliebig gemischter Reihenfolge durch Semikolon ";" getrennt.

Vereinbarungen sind erforderlich, um Namen (selbstverständlich eineindeutig, 6.2.2ff) festzulegen, um Speicherplätze (z. B. für umfangreiche ARRAYs) zu reservieren oder um Unterprogramme in Form von Routinen oder Funktionen einzuführen. Da man in PASCAL nicht wie in ALGOL (60 oder 68) im Programmblock weitere (anonyme) Unter-blocks explizit niederschreiben kann (A1.5), ist eine block- Schachtelung und damit eine Vereinbarungs- Bereichsschachtelung nur implizit mit Hilfe von Routinen oder Funktionen möglich (siehe 6.2).

2.1 LABEL

Identifier für Sprungziele (nach 3.2.6 unsigned integer mit höchstens 4 Ziffern) im Programm, z. B. 0815 in

```
PROGRAM STOP(INPUT,OUTPUT);

 LABEL 0815;
 VAR X:REAL;

BEGIN
 READ(X);
 IF X<0 THEN BEGIN WRITELN('FEHLER');GOTO 0815 END;
 WRITELN(SQRT(X));
0815:END.
```

Eingabe	Ausgabe
-2.7	FEHLER

,

müssen in der Ziel- Vereinbarung nach LABEL , ggf. durch Komma getrennt, aufgelistet werden und zwar nach Syntax- Diagramm A1.3 in der Form

```
unsigned integer (*at most 4 digits*)
```

Das ist für den Compiler nützlich, wenn auch prinzipiell redundant, da ja jedes Ziel außerdem im Programm "am Ort" (A1.5) vor einem statement "vereinbart" wird, im obigen Beispiel 0815:END ,d. h. vor einem leeren statement. Anders als in ALGOL sind in den Bezeichnungen von Zielen keine Buchstaben zugelassen.

Je primitiver Programmiersprachen sind, desto mehr ist der Programmierer auf Sprünge zu Zielen angewiesen. Man denke nur an "frühe FORTRAN - Programme", die uns heute als " Spaghetti- Programme" erscheinen. Allgemein gilt es daher als guter Stil, in einer höheren Programmiersprache möglichst wenig Zielaufrufe und statt dessen etwa konditionale (3.2.5) oder repetive (3.2.7) Anweisungen zu verwenden ("strukturiertes Programmieren", E. W. Dijkstra: "GOTO statement considered harmful", Comm. ACM 11 (1968)).

Das obige Beispiel kann etwa durch Verwendung von ELSE auch ohne GOTO und ohne Ziel programmiert werden. In höheren Programmiersprachen ist jedoch ein Ziel am Ende des Programms für " Fehlerausgang-" Sprünge durchaus sinnvoll (in ALGOL 68 und in PASCAL-CDC-6000-3.4 standardmäßig vorhanden).

2.2 CONST

Identifier für Konstanten werden in der Konstanten- Vereinbarung definiert, z. B.

```
CONST E=2.7;MIN=-MAXINT;ALARM3='FEUER'
```

Nach CONST stehen (A1.5), ggf. durch Semikolon getrennt, Vereinbarungsteile der Form

```
.--------------------------.
|                          |
|  identifier = constant   |
|                          |
'--------------------------'
```

Neben Sicherheit gegen Überschreibung im Programm haben Konstanten statt Variablen noch den Vorteil der statischen statt dynamischen Verwaltung durch den Compiler, d. h. es ergeben sich schnellere Laufzeiten ("strukturiertes Programmieren", F. L. Bauer: " Variables considered harmful", TU München 1975, Report Nr. 7513). Eingabedaten, die nicht mit READ eingelesen werden, sollten vom Programmierer nicht überall im Programm, sondern einmal in der Konstanten- Vereinbarung vorbesetzt werden.

2.3 TYPE

Der Programmierer kann aus den Standard- Typen INTEGER, REAL, CHAR, BOOLEAN (siehe 1), TEXT (siehe 7) und den Aufzähltypen (siehe 4.1.1) mit Hilfe von noch zu besprechenden Programmkonstruktionen (4ff, 5ff, 6ff, 7ff) eigene komplexere Datentypen selbst definieren, und zwar entweder in Variablen- Vereinbarungen (2.4) oder per (type-) identifier in der Typ- Vereinbarung,z. B.

```
TYPE MATRIX=ARRAY(.1..2,1..3.)OF CHAR;REFREAL=↑REAL
```

Nach TYPE stehen (A1.5), ggf. durch Semikolon getrennt, Vereinbarungsteile der Form

```
.--------------------.
|                    |
|  identifier = type |
|                    |
'--------------------'
```

2.4 VAR

Identifier für Variable werden in der Variablen- Vereinbarung definiert, z. B.

```
VAR X,Y:REAL;A:MATRIX;ZEIGER:↑REAL
```
.

Nach VAR stehen (A1.5), ggf. durch Semikolon getrennt, Vereinbarungsteile der Form

```
.----------------------------------.
|                                  |
|  identifier,...,identifier:type  |
|                                  |
'----------------------------------'
```
.

Im Gegensatz zu Konstanten (2.2), deren Werte in der Konstanten- Vereinbarung (statisch) unveränderlich festgelegt werden, können den Variablen per READ (1.5, A2.5.4) oder per assignment statement (3.2.1) (dynamisch) nacheinander verschiedene Werte des vereinbarten type zugewiesen werden.

2.5 PROCEDURE und FUNCTION

Siehe 6.1.

2.6 Testfragen (mit Nummernhinweisen)

	Testfragen	Antworten
2	Was ist inkorrekt im folgenden Programm ?	
	PROGRAM TESTFRAGE;	INPUT fehlt
	BEGIN	steht an falscher Stelle
	TYPE CHARACTER:CHAR;	= statt :
	CONST PUNKT='.';	steht an falscher Stelle
	VAR ZEICHEN:'CHARACTER';	Apostrophs falsch
	REPEAT READ(ZEICHEN) UNTIL ZEICHEN=PUNKT	
	END	Punkt fehlt
	Welche der folgenden sind korrekte Vereinbarungen ?	
2.1	LABEL 1;2	keine
2.2	CONST CONST='CONST'	
2.3	TYPE INT=INTEGER,BOOL=BOOLEAN	
2.4	VAR GEORGE=BOOLEAN	
2.1	LABEL 0,00	alle
2.2	CONST CHAR='CHAR'	
2.3	TYPE REELL=REAL	
2.4	VAR XX:↑REAL	

3 AUSDRÜCKE UND ANWEISUNGEN

Wie in ALGOL 60 werden auch in PASCAL Ausdrücke (expression 3.1), z. B.

```
NOT(X>SQRT(1-Y*Y))                                    oder
(X IN (.'A'..'Z'.)-(.'B','C'.))AND NOT(X>='D')        ,
```

d.h. Programmkonstruktionen, die nach Abarbeitung insgesamt einen Wert eines gewissen (hier BOOLEAN) Datentyps (type A1.3) ergeben, unterschieden von Anweisungen (statement 3.2), z. B.

```
X:=SQRT(1-Y*Y)                                        oder
IF X<=SQRT(1-Y*Y) THEN WRITE('EINHEITSKREIS')         oder
REPEAT READ(X) UNTIL X IN (.'.','/'.)                 oder
PAGE(OUTPUT)                                          ,
```

d.h. Programmkonstruktionen, die bei Abarbeitung insgesamt nur eine " Tätigkeit" ausführen. (Man könnte allerdings wie in ALGOL 68 für bloße " Tätigkeit"en einen "leeren Datentyp" VOID einführen und dann Ausdrücke und Anweisungen zusammenfassen zu Klauseln (clause), aus denen dann zusammen mit den Vereinbarungen das Programm zusammengesetzt ist.)

3.1 Ausdrücke

Ein expression (deutsch Ausdruck) kann nach Syntaxdiagramm A1.4 im einzelnen sein: eine

- unsigned constant , z. B. 3.14 , oder eine
- variable , z. B. X(.4.) , oder ein
- Operationsaufruf , z. B. X-3.14 , oder ein
- Funktionsaufruf , z. B. SQRT(X) , oder eine
- Eigenmenge , z. B. (.'A'..'Z',TERMINATOR(.4.).), oder ein
- geklammerter Ausdruck , z. B. (X-3.14) .

Da Indizes in Feld- Variablen (4.2.1) oder Operanden in Operationsaufrufen (3.1.1) oder Argumente in Funktionsaufrufen (3.1.3) oder Elemente von Eigenmengen oder Inhalte geklammerter Ausdrücke selbst wieder nach Syntaxdiagramm A1.3 Ausdrücke sein können, kann ein expression i.a. geschachtelt weitere expressions enthalten (siehe Beispiel zu 3). Konditionale Ausdrücke (wie in ALGOL, mit IF) gibt es in PASCAL nicht.

3.1.1/2 Operationsaufrufe d.h. Standard- Operationen

Siehe A2.3

Außer Standard- Operationen gibt es in PASCAL keine vom Programmierer selbst zu vereinbarenden Operationen (wie in ALGOL 68).

3.1.3 Funktionsaufrufe

Siehe 6.1.1/2

3.1.4 Standard- Funktionen

Siehe A2.4

3.1.5 Eigenmengen

Siehe 4.1.3

3.2 Anweisungen

Ein statement (deutsch Anweisung) ist nach Syntaxdiagramm A1.5 ggf. mit einem vorangesetzten Ziel (und Doppelpunkt) markiert und kann im einzelnen sein: ein

- assignment statement , z. B. X:=Y+1 , oder ein
- Routineaufruf , z. B. WRITE(X) , oder ein
- compound statement , z. B. BEGIN F:=F*I;I:=I+1 END, oder eine
- konditionale Anweisung, z. B. IF X>0 THEN WRITE('POS') , oder ein
- Zielaufruf , z. B. GOTO 0815 , oder eine
- repetive Anweisung , z. B. WHILE X>0 DO READ(X) , oder ein
- empty statement , z. B. in ...;0815:END zwischen : und END , oder ein
- with statement , z. B. WITH PA↑ DO NAME:='PASCAL' .

Da Aktionen in konditionalen oder repetiven Anweisungen oder explizite Bestandteile von compound statements nach Syntaxdiagramm A1.5 selbst wieder Anweisungen sein können, kann ein statement i. a. geschachtelt weitere statements enthalten. Außerdem können rechte Seiten in assignment statements, aktuelle Parameter in Prozeduraufrufen, Tests in konditionalen oder repetiven statements oder implizite Bestandteile von compound statements expressions sein (siehe Beispiele oben in 3). Statements in expressions (wie in ALGOL 68, z. B. PRINT(N:=N+1)) gibt es in PASCAL nicht.

3.2.1 Assignment Statement

Ein assignment statement (deutsch Ergibtanweisung) hat nach Syntaxdiagramm A1.5 (für statement), abgesehen von assignments für function identifier (siehe Funktionen 6.1.2), die Form

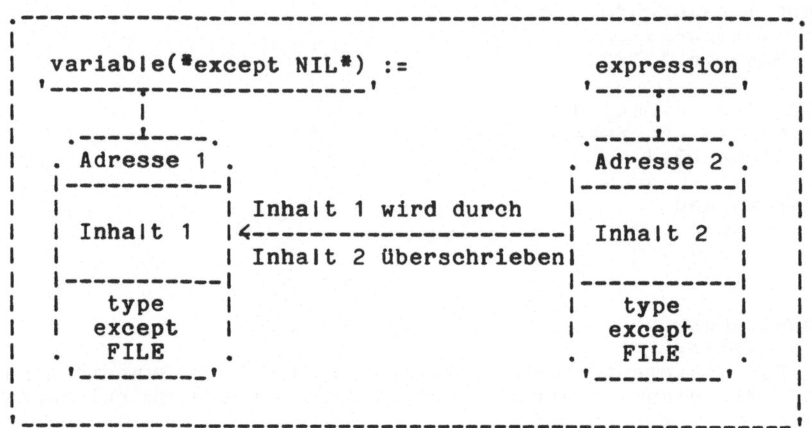

Zur Erklärung der Bedeutung einer Ergibtanweisung wurde dabei eine graphische Interpretation (H. Feldmann:" An interpretation for making references (in ALGOL 68)", ALGOL Bulletin no 38, December 1974) verwendet, die eine Zuordnung herstellt zwischen dem PASCAL - Objekt (hier "variable" bzw. "expression") im Programm und dem zugehörigen internen Objekt im Rechner, d.h. dem " Speicher " mit " Adresse ", " Inhalt " und " Typ ".

Wie man sieht, gelten u.a. folgende Regeln:

- Die linke Seite muß als Variable (in der Variablen- Vereinbarung 2.4) vereinbart sein, z. B.

```
...                                     ...
VAR X:REAL                              CONST E=2.17
BEGIN X:=3.14        , aber nicht       BEGIN E:=3.14
...                                     ...
```

- Die linke Seite und die rechte Seite müssen vom gleichen Datentyp sein, der beliebig sein kann, nur kein FILE , z. B.

```
...                                     ...
VAR X,Y:ARRAY(.1..2.)OF CHAR            VAR X,Y:FILE OF CHAR
BEGIN Y(.1.):='A';                      BEGIN Y↑:='A';PUT(Y);
      Y(.2.):='A';  , aber nicht              Y↑:='B';PUT(Y);
      X:=Y                                    X:=Y
...                                     ...
```

- Außerdem wird für assignments zugelassen, daß bei einer REAL variable (links) der expression (rechts) INTEGER sein kann (implizite Konvertierung), z. B.

```
...                                     ...
VAR X:REAL                              VAR I:INTEGER
BEGIN X:=1           , aber nicht       BEGIN I:=3.14
...                   (round A2.4)      ...
```

- und daß bei Teilbereichtypen (links und rechts) nur der zugehörige scalar type gleich zu sein braucht (siehe 4.1).

In ALGOL 68 erfahrene Programmierer werden bemerkt haben, daß in PASCAL durch separate Vereinbarung von Variablen und Konstanten Verweistechniken für Variablen und für Ergibtanweisungen normalerweise nicht zur Anwendung kommen, es sei denn, man benutzt Verweisvariable (pointer siehe 5.1).

3.2.2 Routineaufrufe

Siehe 6.1.1/4

3.2.3 Standard- Routinen

Siehe A2.5

3.2.4 Compound Statement

Ein compound statement (deutsch geklammerte serielle Anweisung) hat nach Syntax- Diagramm A1.5 (für statement) die Form

```
.--------------------------------------.
I                                      I
I BEGIN statement1;...;statementn END  I    (n≥0)
I                                      I
'--------------------------------------'
```

und dient dazu, an Stellen, wo zunächst nur ein statement zugelassen ist, z. B. in der FOR- oder WHILE - Schleife nach DO oder in der IF - Anweisung nach THEN bzw. ELSE oder in der CASE - Anweisung nach ":", mehrere statements seriell nacheinander (von links nach rechts in Schreibreihenfolge) abzuarbeiten. Compound statements enthalten keine Vereinbarungen, bilden also auch keine neuen Vereinbarungsbereiche, vgl. Bereichsschachtelung 6.2 und block 2.

Im Sinne strukturierten Programmierens wäre es besser, wenn ähnlich wie bei der REPEAT ... UNTIL - Schleife 3.2.7.3, die FOR- und WHILE Schleifen und die IF - und CASE - Anweisungen (wie in ALGOL 68) ihre eigenen "abschließenden Klammern" DO ... OD und IF ... FI und CASE ... ESAC hätten an Stelle der vielen überflüssigen BEGIN und der verwechselbaren END (H. Feldmann:" Compound Statements considered harmful" adhoc).

3.2.5 Konditionale Anweisungen

Ein conditional statement (deutsch konditionale Anweisung) wählt je nach condition (deutsch Bedingung, d.h. ein Test auf TRUE oder FALSE) ein einzelnes statement aus allen im conditional statement enthaltenen statements aus und kann nach Syntax- Diagramm A1.5 (für statement) im einzelnen sein: ein

- if statement, z. B. IF A>B THEN C:=A-B ELSE C:=B-A , oder ein

- case statement, z. B.

```
CASE WOCHENTAG OF
  1,2,3,4,5:WRITE('WERKTAG');
  6        :WRITE('SAMSTAG');
  7        :WRITE('SONNTAG')
           END
```

.

Um nicht durch unnötig viele Tests die Rechenzeit eines Programms zu verlängern, sollten if statements so geschachtelt sein, daß die häufigsten Tests am Anfang stehen, so daß bei deren Erfüllung die übrigen Tests nicht mehr ausgeführt werden, z. B.

```
IF I>0 THEN SIGN:=1 ELSE IF I<0 THEN SIGN:=-1 ELSE SIGN:=0
```

und es sollten case statements nur dann verwendet werden, wenn alle enthaltenen einzelnen statements mit annähernd gleicher Häufigkeit aufgerufen werden. Das obige Beispiel mit einem case statement ließe sich mit einem if statement Laufzeit-günstiger wie folgt programmieren:

```
 IF WOCHENTAG<=5 THEN WRITE('WERKTAG')ELSE
CASE WOCHENTAG    OF 6:WRITE('SAMSTAG');
                     7:WRITE('SONNTAG')END
```

3.2.5.1 If Statement
=============

Ein if statement (deutsch IF - Anweisung) hat nach Syntax-Diagramm A1.5 (für statement) die Form

```
.-------------------------------------------------------------------.
|                                                                   |
| IF (*BOOLEAN*) expression THEN statement1 ELSE statement2         |
|                                                                   |
'-------------------------------------------------------------------'
```

in der Bedeutung (Flußdiagramm) von

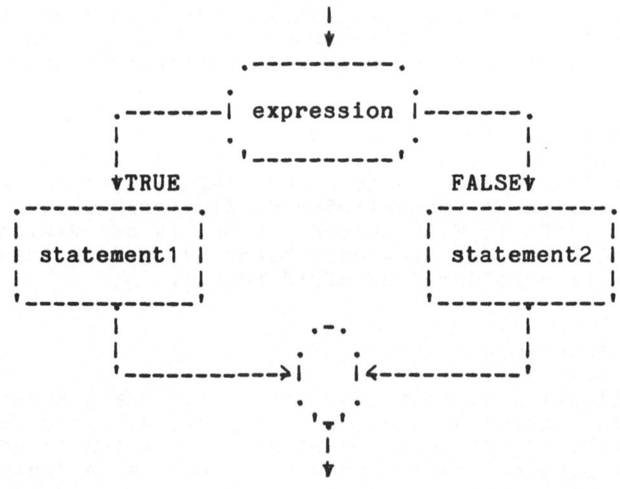

oder die Kurzform

```
.---------------------------------------------.
|                                             |
| IF (*BOOLEAN*) expression THEN statement    |
|                                             |
'---------------------------------------------'
```

in der Bedeutung (Flußdiagramm) von

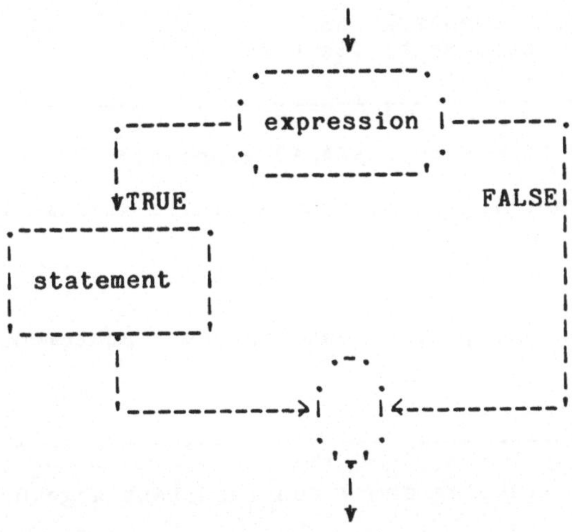

Schachtelt man zwei if statements in der Form

```
IF expression1 THEN
   IF expression2 THEN statement1 ELSE statement2
```
,

so wäre ohne Zusatzregel nicht entscheidbar, ob das ELSE zum ersten IF (Langform mit enthaltener Kurzform) oder zum zweiten IF (Kurzform mit enthaltener Langform) gehört. Eine solche Schachtelung wird nicht (wie in ALGOL 60) verboten, sondern es wird verbindlich festgelegt, daß bei einer derartigen Schachtelung stets das ELSE zum zweiten IF (Kurzform mit darin enthaltener Langform) gehört, das entspricht der äquivalenten Konstruktion

```
IF expression1 THEN
   BEGIN IF expression2 THEN statement1 ELSE statement2 END
```
.

Abschließend noch Beispiele für if statements, bei denen Voranstellung der häufigsten Tests oder andere Umformungen zu Rechenzeit- Ersparnis führen :

```
IF SEX=MANN AND HAND=LINKS THEN WRITE('LINKSHAENDER')
```

kann beschleunigt werden durch Umformung in

```
IF HAND=LINKS THEN IF SEX=MANN THEN WRITE('LINKSHAENDER')
```
.

```
IF A=B THEN GLEICH:=TRUE ELSE GLEICH:=FALSE
```

kann beschleunigt werden durch Umformung in

```
GLEICH:=A=B
```
.

3.2.5.2 Case Statement

Ein case statement (deutsch CASE - Anweisung) hat nach Syntax-Diagramm A1.5 (für statement) die Form

```
CASE (*scalar type except REAL*) expression OF

        constant11 , ... , constant1n1 : statement1 ;
                  .                          .
                  .                          .
                  .                          .
        constantm1 , ... , constantmnm : statementm

                                             END
```

in der Bedeutung (Flußdiagramm) von (constant abgekürzt als c)

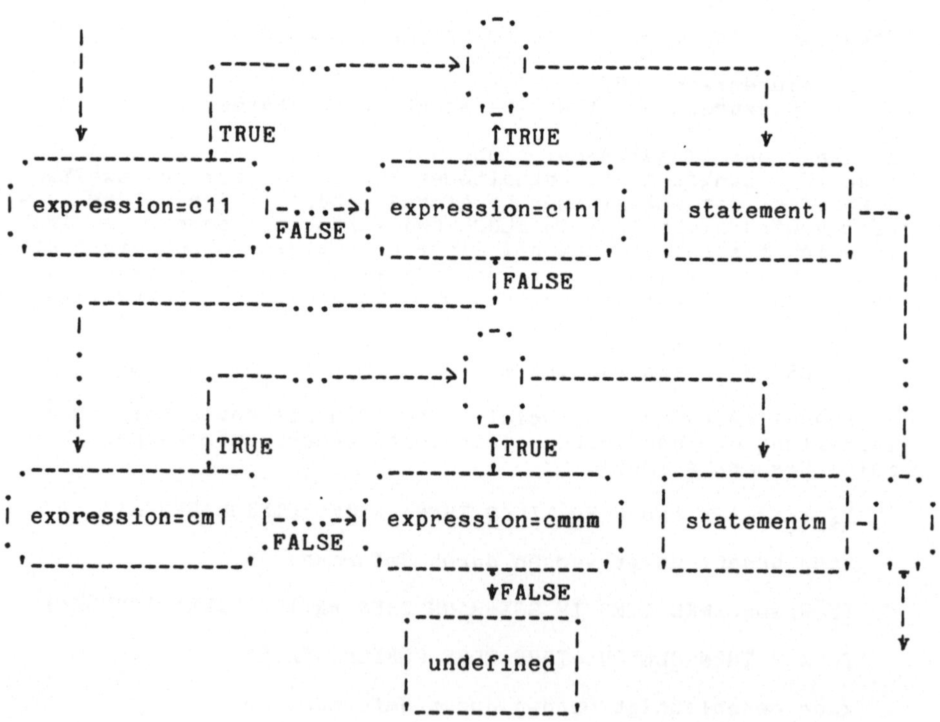

mit m≥0, d. h. CASE expression OF END ist kurioserweise zulässig, aber undefined, und ni≥1.

Die CASE - Anweisung ist vergleichbar mit der Kurzform der IF-Anweisung (ohne ELSE). Allerdings hat die CASE - Anweisung i. a. mehrere (m) mögliche statements und zu jedem statement i. a. mehrere (ni) Tests bei deren Erfüllung das statement ausgeführt und alle anderen statements übersprungen werden. Falls alle Tests FALSE ergeben, ist anders als bei der IF - Anweisung (und anders als in ALGOL 68) der Effekt der CASE - Anweisung undefined (d. h. implementationsabhängig). Die Tests für ein bestimmtes statement müssen alle voneinander verschieden sein. Die Reihenfolge der Tests und der statements ist beliebig. Der expression und die constants müssen vom gleichen scalar type (siehe Mengen 4.1) sein, wobei der scalar type REAL als unzulässig ausgenommen ist.

```
PROGRAMM WOCHENTAGBESTIMMUNG(INPUT,OUTPUT);

 VAR TAG,MONAT,JAHR,JA,HR,WOCHENTAG:INTEGER;

BEGIN READ(TAG,MONAT,JAHR);
 IF MONAT>2 THEN MONAT:=MONAT-2
      ELSE BEGIN MONAT:=MONAT+10;JAHR:=JAHR-1 END;
 JA:=JAHR DIV 100;HR:=JAHR MOD 100;
 WOCHENTAG:=(JA DIV 4+HR DIV 4+(13*MONAT-2)DIV 5-2*JA+HR+TAG)
            MOD 7;
 CASE WOCHENTAG OF 0:WRITELN('SO');1:WRITELN('MO');
                   2:WRITELN('DI');3:WRITELN('MI');
                   4:WRITELN('DO');5:WRITELN('FR');
                   6:WRITELN('SA')END
END.
```

Eingabe	Ausgabe
1 5 1978	MO

3.2.6 Zielaufruf

Ein goto statement (deutsch Zielaufruf) hat nach Syntax- Diagramm A1.5 (für statement) die Form

```
GOTO unsigned integer (*at most 4 digits*)
```

und bedeutet " Sprung vom Ort des Zielaufrufs zum Ort des durch das unsigned integer zugeordneten statements" (A1.5)

```
unsigned integer (*at most 4 digits*) : statement
```

Außerdem müssen alle Sprung- Ziele in der Ziel- Vereinbarung aufgelistet werden, siehe LABEL 2.1. Die Problematik der Verwendung von goto statements beim "strukturierten Programmieren" wurde bereits in 2.1 angesprochen (umgekehrt ist nicht jedes Programm ohne goto statements bereits "strukturiert").

Vereinbarungs- und Aufrufbarkeitsbereiche von Zielen sind ganz analog wie für andere Bereichs- Größen definiert, siehe Bereichsschachtelung 6.2 . Sprünge in Prozeduren oder konditionale bzw. repetive Anweisungen sind unzulässig, siehe 6.2.4.

Eine Verallgemeinerung für Zielaufrufe in Form des ALGOL 60 - SWITCH (Feld aus Zielen mit aufrufbaren Elementen) erübrigt sich ebenso wie die Einführung eines type LABEL , da entsprechende Simulationen mit den bereits vorhandenen Sprachmitteln möglich sind (siehe nachfolgendes Beispiel).

```
PROGRAM SPIELKARTENERKENNEN(INPUT,OUTPUT);

 LABEL 1,2,3,0815;
 VAR KARTEO:CHAR;

 PROCEDURE SWITCH(KARTE:CHAR);
 BEGIN
  CASE KARTE OF
   '7', '8', '9', 'Z': GOTO 1;
   'B', 'D', 'K'     : GOTO 2;
   'A'               : GOTO 3
                    END
 END;

BEGIN
 READ(KARTEO);SWITCH(KARTEO);
 1:WRITELN('ZAHL');GOTO 0815;
 2:WRITELN('BILD');GOTO 0815;
 3:WRITELN('AS')  ;     0815:

END.
```

Eingabe	Ausgabe
A	AS

3.2.7 Repetive Anweisungen

Ein repetitive statement (deutsch repetive Anweisung, Schleife) bewirkt, daß ein statement oder eine Folge von statements wiederholt durchlaufen werden, und kann nach Syntax- Diagramm A1.5 (für statement) im einzelnen sein:

ein

- for statement, z. B. FOR I:=0 TO 9 DO WRITE(I*I), oder ein

- while statement, z. B. I:=0;WHILE I<=9 DO
  BEGIN WRITE(I*I);I:=I+1 END, oder ein

- until statement, z. B. I:=0;REPEAT WRITE(I*I);I:=I+1 UNTIL I=10.

Bezeichnet man das wiederholt durchlaufene statement nach DO, das nach Syntax- Diagramm A1.5 auch ein compound statement (3.2.4) sein kann (in BEGIN...END), bzw. die wiederholt durchlaufene Folge von statements zwischen REPEAT und UNTIL (ohne BEGIN...END) als " Aktion", so lassen sich die repetiven Anweisungen von PASCAL wie folgt klassifizieren:

for statement und while statement sind "pre checks"

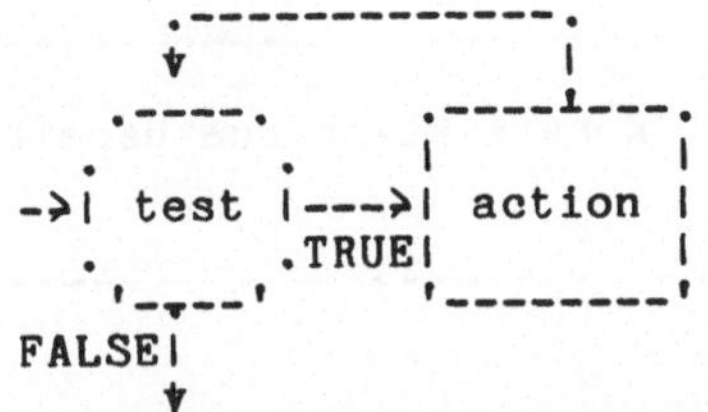

, d.h. Test vor Aktion, und

das until statement ist ein "post check"

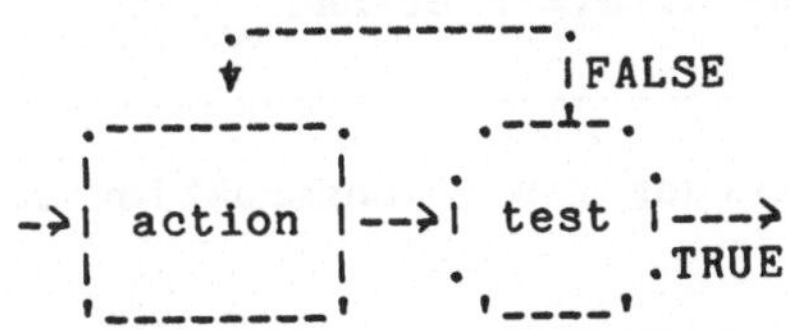

, d.h. Test nach Aktion.

In PASCAL gibt es keinen "in check" (wie in ALGOL 68)

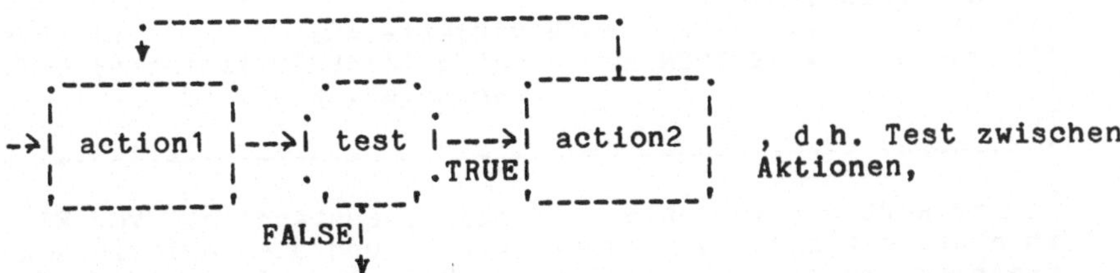

und es gibt auch keine Möglichkeit (wie in ALGOL 68) for-, while- und until statement zu "mischen", unbenommen Schachtelung der repetiven Anweisungen durch Einsetzen als zu wiederholendes statemen nach Syntax- Diagramm A1.5.

3.2.7.1 For Statement

Ein for statement (deutsch FOR - Anweisung, FOR - Schleife) hat nach Syntax- Diagramm A1.5 (für statement) die Form (Makro-Konstruktion)

```
.----------------------------------------------------------------.
|                                                                |
|      (*scalar type except REAL*)  (*scalar type except REAL*)  |
|   FOR          variable          :=          expression1       |
|                                                                |
|  .>TO-----.                      (*scalar type except REAL*)   |
| -|        |->                                expression2       |
|  '>DOWNTO-'                                                    |
|                                                                |
|   DO                                         statement         |
|                                                                |
'----------------------------------------------------------------'
```

im Falle TO in der Bedeutung von (Konstruktion aus bereits bekannten Sprachteilen)

```
.----------------------------------------------------------------.
|                                                                |
|   E1 :=expression1;                                            |
|   E2 :=expression2;                                            |
|IF E1        <=E2 THEN BEGIN variable:=E1          ;1:statement ;|
|IF variable < E2 THEN BEGIN variable:=SUCC(variable);GOTO 1 END;|
|                             variable:=undefined           END |
|                                                                |
'----------------------------------------------------------------'
```

und im Falle DOWNTO in der Bedeutung von (Konstruktion aus bereits bekannten Sprachteilen)

```
.----------------------------------------------------------------.
|                                                                |
|   E1 :=expression1;                                            |
|   E2 :=expression2;                                            |
|IF E1        >=E2 THEN BEGIN variable:=E1          ;1:statement ;|
|IF variable > E2 THEN BEGIN variable:=PRED(variable);GOTO 1 END;|
|                             variable:=undefined           END |
|                                                                |
'----------------------------------------------------------------'
```

Der Wert der variable (und selbstverständlich von E1, E2) darf im statement nicht verändert werden und die variable und die expressions müssen vom gleichen scalar type (siehe 4.1.1) sein, wobei der scalar type REAL als unzulässig ausgenommen ist. Nach Verlassen der FOR - Schleife hat die Laufvariable (variable) einen implementationsabhängigen Wert (undefined).

```
PROGRAM ROULETTE(OUTPUT);

 VAR I,ROULETTE:INTEGER;LAST:REAL;
     HAEUF:ARRAY(.0..36.)OF INTEGER;

 FUNCTION RANDOM:REAL;
 BEGIN
  LAST:=997*LAST;LAST:=LAST-TRUNC(LAST);RANDOM:=LAST
 END;

BEGIN LAST:=0.5284163;
 FOR I:=0 TO 36 DO HAEUF(.I.):=0;
 FOR I:=1 TO 3700 DO BEGIN
  ROULETTE:=TRUNC(37*RANDOM);
   HAEUF(.ROULETTE.):=HAEUF(.ROULETTE.)+1
                   END;
 FOR I:=0 TO 36 DO WRITELN(I:3, HAEUF(.I.):4)
END.
```

Ausgabe	
0	101
1	104
2	97
3	98
.	.
.	.
.	.
34	99
35	115
36	96

Auf die Theorie der Pseudo- Zufallszahlen- Erzeugung (siehe z. B. D. E. Knuth:" The Art of Computer Programming, Seminumerical Algorithmus", Vol.2, Addison- Wesley, Reading Mass. 1969) kann in diesem PASCAL-Skript nicht im einzelnen eingegangen werden. Ohne erläuternde Theorie ist es auch nicht sinnvoll, hier anspruchsvolle Tests auf Gleichverteilung, z. B. den Chi- Quadrat- Test, vorzuführen.

Die hier vorgeführte Pseudo- Randomfunktion wird u. a. für Hewlett- Packard- Taschenrechner verwendet.

3.2.7.2 While Statement

Ein while statement (deutsch WHILE - Anweisung, WHILE - Schleife) hat nach Syntax- Diagramm A1.5 (für statement) die Form (Makro- Konstruktion)

```
WHILE (*BOOLEAN*) expression DO statement
```

in der Bedeutung von (Konstruktion aus bereits bekannten Sprachteilen)

```
1:IF expression THEN BEGIN statement; GOTO 1 END
```

oder in rekursiver Definition

```
.-----------------------------------------------------.
|                                                     |
|  IF expression THEN                                 |
|  BEGIN statement; WHILE expression DO statement END |
|                                                     |
'-----------------------------------------------------'  .
```

Der Leser überzeuge sich, daß eine WHILE - Schleife einen pre check (3.2.7) darstellt. Auch wenn der expression zu Anfang den Wert FALSE ergibt (Abbruchkriterium), bleibt wie bei der Kurzform der IF - Anweisung der Effekt der WHILE - Schleife definiert ("keine Aktion, weiter im normalen Ablauf"). Im allgemeinen muß der Wert des expression durch die (wiederholte) Ausführung des statements verändert werden, um die WHILE - Schleife abzubrechen.

```
PROGRAM QUICKSORT(INPUT,OUTPUT);

 (*FORTLAUFENDES SORTIEREN NACH KLEINEREN, MITTLEREN
   (GLEICHEN) UND GROESSEREN ELEMENTEN, HOARE 1961*)

 CONST LWBO=1;UPBO=5;TYPE REIHE=ARRAY(.LWBO..UPBO.)OF INTEGER;
 VAR AO:REIHE;I:INTEGER;

 PROCEDURE QUICKSORT(LWB,UPB:INTEGER;VAR A:REIHE);
  VAR L,U,MITTE:INTEGER;
 BEGIN L:=LWB;U:=UPB                    ;MITTE:=A(.L.);
  WHILE                      L<U   DO BEGIN
  WHILE (MITTE<=A(.U.)) AND (L<U) DO U:=U-1;A(.L.):=A(.U.);
  WHILE (A(.L.)<=MITTE) AND (L<U) DO L:=L+1;A(.L.)
                                     END    ;A(.L.):=MITTE;
  IF LWB<L-1 THEN QUICKSORT(LWB,L-1,A);
  IF U+1<UPB THEN QUICKSORT(U+1,UPB,A)
 END;

BEGIN
 FOR I:=LWBO TO UPBO DO READ (AO(.I.));
 QUICKSORT(LWBO,UPBO,AO);
 FOR I:=LWBO TO UPBO DO WRITE(AO(.I.));
 WRITELN
END.
```

```
                    erläuterndes
| Eingabe          | Zwischenerg.     | Ausgabe
+------------------+------------------+---------------   )
|MITTE.-----.      |MITTE       MITTE|                    > erläuternde
|  ↑   |    ↓      |  ↑       ↓   ↑   |    ↓          ↓  ) Angaben
|  3   5  1  2  4  |  2   1   3   5  4|  +1 +2 +3 +4 +5
|  ↑   ↑  |  |     |  ↑   |       ↑  ||                   )
|  |   '--'  |     |  '---'       '--'|                   > erläuternde
|  '---------'     |                  |                   ) Angaben
```

3.2.7.3 Until Statement

Ein until statement (deutsch UNTIL - Anweisung, UNTIL - Schleife) hat nach Syntax- Diagramm A1.5 (für statement) die Form (Makro- Konstruktion)

```
REPEAT statement1;...;statementn UNTIL (*BOOLEAN*) expression
```

in der Bedeutung von (Konstruktion aus bereits bekannten Sprachteilen)

```
1:statement1;...;statementn; IF NOT expression THEN GOTO 1
```

oder in rekursiver Definition

```
statement; IF NOT expression THEN
REPEAT statement UNTIL expression
```

.

Der Leser überzeuge sich, daß eine UNTIL - Schleife einen post check (3.2.7) darstellt. Auch wenn der expression zu Anfang den Wert TRUE ergibt (Abbruchkriterium), werden doch zunächst einmal die statements ausgeführt. Im allgemeinen muß der Wert des expression durch die (wiederholte) Ausführung der statements verändert werden, um die UNTIL - Schleife abzubrechen.

```
PROGRAM PRIMZAHLPRUEFUNG (INPUT,OUTPUT);

 VAR IO:INTEGER;

 FUNCTION PRIM (I:INTEGER):BOOLEAN;
  VAR D,DMAX:INTEGER;DIVIDES:BOOLEAN;
 BEGIN D:=2; DMAX:=TRUNC(SQRT(I));
  REPEAT DIVIDES:=I MOD D=0;D:=D+1 UNTIL DIVIDES OR (D>DMAX);
  PRIM:=NOT DIVIDES
 END;

BEGIN READ(IO);WRITELN(PRIM(IO)) END.
```

Eingabe	Ausgabe
17	TRUE

(implementationsabhängig ein blank vor TRUE , A2.5.5.9)

Dieses Beispiel zeigt, daß der BOOLEAN expression nach UNTIL, der den mehrfach zu durchlaufenden Test darstellt, möglichst einfach und schnell zu berechnen sein muß. Die Programmvariante

```
...;REPEAT...UNTIL P OR (D>SQRT(I));...
```

würde für große Primzahlen I erheblich mehr Rechenzeit benötigen. In gleicher Weise ist auch der BOOLEAN expression nach WHILE in der WHILE - Schleife (3.2.5.2) zu minimisieren. Das ist nicht erforderlich für die zwei expressions in der FOR - Schleife (3.2.5.1), da diese nur einmal vor Beginn der Schleife berechnet werden.

3.2.8 Empty Statement

Ein empty statement (deutsch leere Anweisung) hat nach Syntax-Diagramm A1.5 (für statement) die Form

```
.------------.
|            |
| (*EMPTY*)  |
|            |
'------------'
```

und bedeutet (wohldefiniert) "keine Aktion, weiter im normalen Ablauf".

Es wird verwendet, um (versehentlich gesetzte) überflüssige Semikolons ";" nach dem Syntax- Diagramm A1 doch zulässig zu machen und um einige Konstruktionen zu ermöglichen, die normalerweise ohne statement nicht zulässig wären, z. B. (empty statements an den mit ↑ bezeichneten Stellen)

```
 PROGRAM EMPTY(INPUT,OUTPUT);VAR EMPTY:CHAR;

 BEGIN ;READ(EMPTY);IF EMPTY=' 'THEN ELSE GOTO 0815; ;
      ↑                             ↑    ↓            ↑
  WRITE('EMPTY');0815: END.
                      ↑
```

Eingabe	Ausgabe
	EMPTY

Das Programm würde jedoch ein anderes Ergebnis liefern, wenn (versehentlich) an der mit ↓ bezeichneten Stelle noch ein Semikolon ";" gesetzt würde.

Im Sinne strukturierten Programmierens wäre es besser, wenn, ähnlich wie bei NIL 5.2.1, empty statements explizit hingeschrieben werden müßten, z. B. (wie in ALGOL 68) als SKIP, damit unbeabsichtigte Effekte vermieden würden (H. Feldmann " Empty Empty Statements considered harmful" adhoc).

3.2.9 With Statement

Siehe 5.2.3

3.3 Testfragen (mit Nummernhinweisen)

	Testfragen (mit Nummernhinweisen)	Antworten
3.1	Welche der folgenden sind korrekte expressions, wie sind sie zu deuten und was ist das Ergebnis ?	
	+-3.14	nein, 2 monad. Operatoren in PASCAL unzulässig, A1.3 simple expression
	(.ABS(-1).)+(.SQRT(4).)	ja, Operationsaufruf von Eigenmengen mit Funktionsaufrufen, (.1,2.)
	(1<2)<(3<4)	ja, Operationsaufruf mit BOOLEAN Operanden von Operationsaufrufen mit INTEGER Operanden, FALSE
	1<2<3<4	nein, (1<2)<3 unzulässig
	IF X>=0 THEN TRUNC(X+0.5) ELSE TRUNC(X-0.5)	nein, IF -expression unzulässig
3.2.1	Kann im assignment statement V:=E E wieder ein solches sein ?	nein, E ist expression, Mehrfachanweisungen gibt es nicht
3.2.4	Können im Programm mehrere END direkt aufeinanderfolgen ?	ja
3.2.5.1	Bestimme den Wert von I in I:=0;IF 1<2 THEN IF 3>4 THEN I:=5 ELSE I:=6	I=6
	und I:=0;IF 1>2 THEN IF 3<4 THEN I:=5 ELSE I:=6.	I=0
3.2.5.2	Bestimme den Wert von I in	
	I:=0;CASE 1<2 OF TRUE:IF 3>4 THEN I:=6 END	I=0
	und I:=0;CASE 1>2 OF TRUE:IF 3<4 THEN I:=6 END	undefined
3.2.5.2	Schreibe ein Programm, das ein INTEGER N einliest und für Wochentage N mit einem Buchstaben "R" den Wochentag und sonst NEIN ausdruckt.	PROGRAM R(INPUT,OUTPUT); VAR N:INTEGER; BEGIN READ(N); CASE N OF 4:WRITELN('DO'); 5:WRITELN('FR'); 1,2,3,6,7:WRITELN('NEIN') END END.

```
3.2.6     Programmiere das Programm                I ...CASE KARTEO OF
      SPIELKARTENERKENNEN ohne GOTO         '7','8','9','Z':WRITE('ZAHL');
      und ohne Prozedur.                          'B','D','K':WRITE('BILD');
                                                  I    'A':WRITE('AS')
                                                  I   END END.
                                                  I
3.2.6     Darf GOTO "auseinander"-geschrieben     I nein,
      werden als GO TO   ?                        I    siehe blank 0.3.3
                                                  I
3.2.7     Welche der folgenden sind korrekte repe- I
      tive Anweisungen und was wird dann ausge-   I
      druckt    ?                                 I
                                                  I
      FOR UPTO:=0 DOWNTO 0 DO;                    I ja, nichts
      FOR I:=1 TO 2 DO BEGIN I:=I+1;WRITE(I)END   I nein, I:=I+1 unzul.
      FOR I:=1 TO 2 DO WHILE ODD(I) DO WRITE(I)   I ja, 1
      REPEAT FOR I:=1 TO 2 DO WRITE(I) UNTIL ODD(I) nein, ODD(I) undef.
      I:=1;WHILE ODD(I) DO REPEAT                 I
           I:=I+1;WRITE(I) UNTIL ODD(I)           I ja, 234...
                                                  I
3.2.7.1 Gesucht ist eine rekursive Definition     I vgl. rekursive
      für die FOR - Schleife.                     I   Definitionen
                                                  I   3.2.7.2-3
                                                  I
3.2.8     Können im Programm mehrere Semikolon    I ja
      direkt aufeinanderfolgen   ?                I
                                                  I
3.2.8     Darf vor END ein Semikolon stehen   ?   I ja
```

4 MENGEN UND FELDER

Es ist ein Vorzug von PASCAL gegenüber anderen Programmiersprachen (z. B. ALGOL 60 oder ALGOL 68), daß der Programmierer sich neue Typen, d. h. neue endliche Mengen von (neuen) Werten, (auch) ohne Verwendung der im Anhang A2.2 aufgelisteten Standard-Typen definieren kann. Dies geschieht durch

- Aufzählung (4.1.1),z. B. TYPE FARBE=(KREUZ,PIK,HERZ,KARO),
- Teilbereichsbildung (4.1.2), z. B. TYPE ROT=HERZ..KARO und
- Potenzmengenbildung (4.1.3), z. B. VAR BLATT:SET OF FARBE .

Außerdem läßt sich in PASCAL wie in anderen höheren Programmiersprachen (z. B. ALGOL) aus einem bereits vorhandenen Typ durch

- Reihung innerhalb vorgegebener Indexgrenzen und Dimensionen ein Feld (4.2), z. B. VAR FARBE:ARRAY (.0..3.)OF CHAR,

vereinbaren, d. h. eine Menge von Elementen gleichen Typs, deren Werte jedoch nicht (wie in ALGOL 68) mit vereinbart werden können, sondern zusätzlich (elementweise) zugewiesen werden müssen, z. B.

```
FARBE(.0.):='X';FARBE(.1.):='P';FARBE(.2.):='H';FARBE(.3.):='K'.
```

4.1 Mengen

In PASCAL lassen sich Mengen von Werten einführen

- in Vereinbarungen

durch Aufzählung (4.1.1), Teilbereichbildung (4.1.2), Potenzmengenbildung (4.1.3), siehe einführende Beispiele am Anfang von Kapitel 4, oder

- in Ausdrücken (3.1.5)

durch Bildung von Eigenmengen (4.1.3), siehe auch einführendes Beispiel am Anfang von 3.1 .

4.1.1 Aufzähltypen

Ein scalar type (deutsch Aufzähltyp) wird nach Syntax- Diagramm A1.3 (für simple type) eingeführt in der Form

```
.-------------------------------------------------.
|                                                 |
| ((*CONST*)identifier0,...,(*CONST*)identifiern) | ,n≥0,
|                                                 |
'-------------------------------------------------'
```

und zwar entweder in Typ- Vereinbarungen (2.3), z. B.

```
TYPE SPEKTRUM=
   (INFRAROT,ROT,ORANGE,GELB,GRUEN,BLAU,VIOLETT,ULTRAVIOLETT),
```

oder in Variablen- Vereinbarungen (2.4), z. B.

```
VAR SPEKTRALFARBE:
   (INFRAROT,ROT,ORANGE,GELB,GRUEN,BLAU,VIOLETT,ULTRAVIOLETT).
```

Prinzipiell sind alle einfachen Standard- Typen INTEGER, REAL, CHAR und BOOLEAN (A2.2) als Aufzähltypen zu deuten, d. h. Aufzähltypen sind die PASCAL zugrundeliegenden elementaren Typen.

Die identifier für die Elemente der aufgezählten Menge stellen sowohl Namen als auch <u>Wert der Elemente</u> dar und sind als Konstanten vereinbart. Ein Aufzähltyp wirkt also bei seiner Vereinbarung auch wie Konstanten- Vereinbarungen (CONST 2.2) für alle seine identifier. Alle Elemente aller Aufzähltypen müssen voneinander verschieden vereinbart sein.

Die Ordnung der durch die identifier aufgezählten Menge ist gegeben durch (vgl. diesbezügliche Testfragen in 4.4)

ORD (identifier0)=0
ORD (identifieri)=ORD(PRED(identifieri))+1 für $1 \leq i \leq n$.

Die (Standard-) Operationen, Standard- Funktionen und Standard-Routinen für scalar type Argumente sind im Anhang A2.3-5 aufgelistet.

4.1.2 Teilbereichtypen

Ein subrange type (deutsch Teilbereichtyp) wird nach Syntax-Diagramm A1.3 (für simple type) eingeführt in der Form

```
.----------------------------------------------.
|                                              |
| (*not REAL*)constant1..(*not REAL*)constant2 |
|                                              |
'----------------------------------------------'
```

und zwar entweder in Typ- Vereinbarungen (2.3), z. B.

```
TYPE LICHT = ROT..VIOLETT      (vgl. 4.1.1),
```

oder in Variablen-vereinbarungen (2.4), z. B.

```
VAR LICHTFARBE : ROT..VIOLETT              .
```

Die Konstanten constant1 und constant2 müssen Elemente eines vereinbarten Aufzähltyps (hier SPEKTRUM 4.1.1) sein, nicht zugelassen ist REAL, und es muß gelten

ORD (constant1) < ORD (constant2) .

Der resultierende Teilbereich der Aufzählmenge besitzt dann constant1 als unteres Grenzelement und constant2 als oberes Grenzelement, d.h. mindestens 2 Elemente.

Der Leser überzeuge sich davon, daß durch einen Teilbereichtyp stets nur ein zusammenhängender Teilbereich einer Menge, nicht aber eine beliebige Teilmenge aus ggf. nicht zusammenhängenden Teilen der Menge erzeugt wird, letzteres geschieht bei Erzeugung von Eigenmengen 4.1.3.

Die (Standard-) Operationen, Standard- Funktionen und Standard-Routinen für subrange type Argumente sind im Anhang A2.3-5 aufgelistet.

Generell wird gefordert, daß alle Operationen, Funktionen, Routinen und überhaupt alle Programmkonstruktionen (wie z. B. Schleifen) für irgend einen scalar type auch Gültigkeit haben für jeden seiner subrange types.

```
PROGRAM FREMDSPRACHEN(INPUT,OUTPUT);

VAR SPRACHE:(CAESARCODE,CHINESISCH,HEBRAEISCH);
    ORDINAL:INTEGER;
    C      :CHAR;

BEGIN READ(ORDINAL);SPRACHE:=CAESARCODE;
 WHILE ORDINAL<>ORD(SPRACHE) DO SPRACHE:=SUCC(SPRACHE);

 CASE SPRACHE OF

  CAESARCODE:WHILE NOT EOF DO BEGIN READ(C);
             IF C IN(.'A'..'Y'.)        THEN WRITE(SUCC(C))ELSE
             IF C='Z'                   THEN WRITE('A')
                                        ELSE WRITE(C)      END;
  CHINESISCH:WHILE NOT EOF DO BEGIN READ(C);
             IF C='R'                   THEN WRITE('L')
                                        ELSE WRITE(C)      END;
  HEBRAEISCH:WHILE NOT EOF DO BEGIN READ(C);
             IF NOT(C IN(.'A','E','I','O','U'.))
                                        THEN WRITE(C)      END
              END;                           WRITELN
END.
```

Eingabe	Ausgabe
2 FESTGEMAUERT IN DER ERDEN	FSTGMRT N DR RDN

Die Standard - Routine READ (A2.5.4) und die zu ORD inverse Standard- Funktion CHR (A2.4.3) sind nicht für den Typ SPRACHE definiert.

4.1.3 Potenzmengentypen und Eigenmengen

Ein (power) set type (deutsch Potenzmengentyp) wird nach Syntax- Diagramm A1.3 (für type) eingeführt in der Form

```
SET OF (*scalar or subrange*) type
```

und zwar entweder in Typ- Vereinbarungen (2.3), z. B.

```
TYPE POTENZMENGE=SET OF ROT..VIOLETT ,
```

oder in Variablen- Vereinbarungen (2.4), z. B.

```
VAR MENGE:SET OF
 (INFRAROT,ROT,ORANGE,GELB,GRUEN,BLAU,VIOLETT,ULTRAVIOLETT) .
```

Im Unterschied zu Aufzähltypen (4.1.1) und Teilbereichtypen (4.1.2) sind die durch Potenzmengentypen vereinbarten Variablen keine Elemente von Mengen, sondern selbst Mengen. Will man einer variablen Menge einen (Mengen-) Wert zuweisen, so kann man zur Darstellung dieses (Mengen-) Werts set constructors (deutsch Eigenmengen) verwenden, die nach Syntax- Diagramm A1.4 (für factor) eingeführt sind in der Form

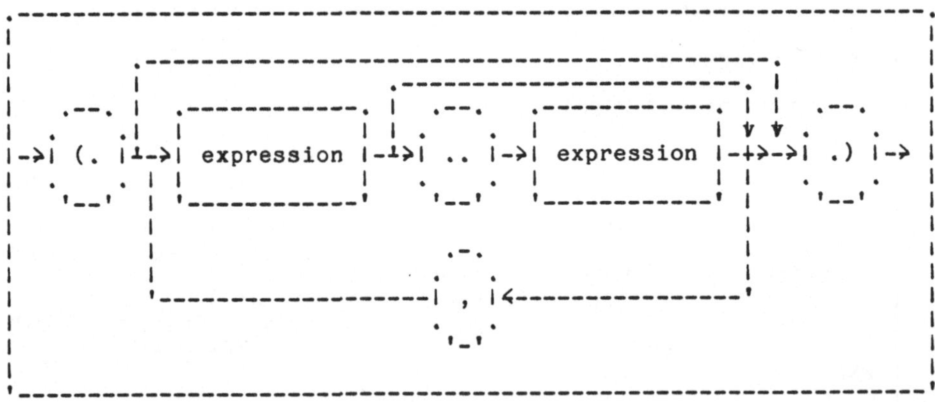

und zwar überall im Programm, wo ein expression (3.1.5) zulässig ist, z. B. rechts in einem assignement statement

```
...;MENGE:=(.INFRAROT..ORANGE,BLAU,SUCC(VIOLETT).);... .
```

Die Form expression,...,expression entspricht in ihrer Bedeutung dem Aufzähltyp 4.1.1 und die Form expression..expression entspricht in ihrer Bedeutung dem Teilbereichtyp 4.1.2, wobei in letzterem hier auch zugelassen wird, daß das linke Element der Ordnung nach größer (leere Menge) oder gleich (Einermenge) dem rechten Element ist. Selbstverständlich müssen alle vorkommenden expressions vom gleichen scalar type sein.

(..)

bezeichnet die leere Menge, wie auch z. B.

(.ULTRAVIOLETT..INFRAROT.) .

Die (Standard-) Operationen, Standard- Funktionen und Standard-Routinen für powerset type und Eigenmengen - Argumente sind im Anhang A2.3-5 aufgelistet.

```
PROGRAM KARDINALZAHL(OUTPUT);

 (*ANZAHL DER ELEMENTE EINER MENGE, HIER SPEZIELL CHAR*)

 TYPE MENGE=CHAR;POTENZMENGE=SET OF MENGE;

 FUNCTION CARD(LWB,UPB:MENGE;M:POTENZMENGE):INTEGER;
  VAR ELEM:MENGE;C:INTEGER;
 BEGIN C:=0;FOR ELEM:=LWB TO UPB DO
            IF ELEM IN M THEN C:=C+1;CARD:=C END;

BEGIN
 WRITELN(CARD('B','Z',
       (.'V'..'Z','P'..'T','J'..'N','F'..'H','B'..'D'.)))
END.
```

Ausgabe
21

Leider sind Grenzelemente (lower, upper bound) LWB, UPB in PASCAL (anders als in ALGOL 68) nicht abfragbar. In PASCAL-CDC-6000-3.4 ist CARD standardmäßig vereinbart (8.4, 8.7) .

4.2 Felder

Ein Feld ist eine indizierte Größe mit einem identifier für den Feldnamen und Indizes innerhalb vorgegebener Dimensionen und Indexgrenzen, die an den Feldnamen angehängt werden und dann jeweils ein Element des Feldes bezeichnen. Da nicht, wie in mathematischer Schreibweise, im PASCAL - Programm die Indizes vom Feldnamen durch Tiefsetzen in der Schriftzeile abgesetzt werden können, werden Indizes in eckige Klammern eingeschlossen. Alle Elemente eines Feldes sind notwendigerweise vom gleichen Typ. Die Indexgrenzen sind konstant, d. h. es gibt anders als z. B. in ALGOL 68 in PASCAL nur "rechteckige" Felder. Die Identifikation von Feldelementen ist erst dynamisch zur Laufzeit durch Berechnung der Indizes möglich.

4.2.1 Reihungstypen

Ein array type (deutsch Reihungstyp, Feldtyp) wird nach Syntax-Diagramm A1.3 (für type) eingeführt in der Form

```
.---------------------------------------------------------------.
|                                                               |
|                scalar or subrange                             |
| ARRAY(.(*          except          *)type1,...,typen.) OF type |,
|                 INTEGER,REAL                                  |
|                                                               |
'---------------------------------------------------------------'
```

mit Dimension n≥1, in Abkürzung für

```
.---------------------------------------------------------------------.
|                                                                     |
| ARRAY(.(*scalar or subrange,except INTEGER,REAL*)type1.) OF         |
|  ...                                                                |
|                                                                     |
| ARRAY(.(*scalar or subrange,except INTEGER,REAL*)typen.) OF         |
|                                                          type       |,
|                                                                     |
'---------------------------------------------------------------------'
```

und zwar entweder in Typ- Vereinbarungen (2.3), z. B.

```
TYPE PRAEDIKAT=ARRAY (.1..4,BOOLEAN.) OF BOOLEAN
```

oder in Variablen- Vereinbarungen (2.4), z. B.

```
VAR P,Q        :ARRAY (.1..4,BOOLEAN.) OF BOOLEAN;
    B          :ARRAY (.     BOOLEAN.) OF BOOLEAN.
```

Wie man sieht, sind als Indexmengen (allgemeiner als in ALGOL) nicht nur echte Teilbereiche der ganzen Zahlen, sondern auch scalar (4.1.1) or subrange (4.1.2) types zugelassen mit Ausnahme von INTEGER (voller Bereich) oder REAL (voller oder Teilbereich).

Eine array variable (deutsch Feld- Variable, indizierte Variable) hat nach Syntax- Diagramm A1.4 (für variable) die Form

```
.----------------------------------------------------------------------.
|                                                                      |
| (*array*)       scalar                          scalar               |
|  variable  (.(*except*)expression1,...,(*except*)expressionn.)       |
| identifier       real                            real                |
|                                                                      |
'----------------------------------------------------------------------'
```

mit Dimension n≥1, in Abkürzung für

```
.----------------------------------------------------------------------.
|                                                                      |
| (*array*)     scalar                               scalar            |
|  variable (.(*except*)expression1.)...(.(*except*)expressionn.)      |
| identifier    real                                 real              |
|                                                                      |
'----------------------------------------------------------------------'
```

Will man einer array variable einen (array) Wert zuweisen, so kann dies nur elementweise geschehen, da es in PASCAL (anders als in ALGOL 68) leider keine den Eigenmengen (4.1.3) analogen "Eigenfelder" gibt (speziell nur strings 4.2.2), z. B.

```
...;(*ANTILOGIE *)P(.1,   FALSE.):=FALSE; P(.1,   TRUE.):=FALSE;
    (*FIRMATION *)P(.2,   FALSE.):=FALSE; P(.2,   TRUE.):=TRUE ;
    (*NEGATION  *)P(.3,   FALSE.):=TRUE ; P(.3,   TRUE.):=FALSE;
    (*TAUTOLOGIE*)P(.4.)(.FALSE.):=TRUE ; P(.4.)(.TRUE.):=TRUE ;...
```

Es gibt auch keine echten Teilfeldaufrufe wie z. B. Aufruf (eines Teils) einer "Spalte" eines Feldes, wohl aber nach Konstruktion ARRAY (...) OF ARRAY (...) OF ... Aufruf einer (ganzen) "Zeile" eines Feldes und nach Definition des assignment statements (3.2.1) Anweisung eines Feldes "insgesamt", z. B.

```
...; Q:=P; B:=Q(.1.); Q(.4.):=Q(.1.); Q(.1.):=B; ...   .
```

```
PROGRAM MAGISCHESQUADRAT(INPUT,OUTPUT);CONST N=3;

 VAR Q:ARRAY(.1..N,1..N.)OF INTEGER;I,J:INTEGER;

BEGIN
 FOR I:=1 TO N DO BEGIN
  FOR J:=1 TO N DO READ(Q(.I,J.));READLN END;
 FOR I:=1 TO N DO BEGIN FOR J:=1 TO N DO
  WRITE((N*(Q(.I,J.)-1)+Q(.N+1-J,I.)):4);WRITELN END
END.
```

Eingabe			Ausgabe		
3	1	2	8	1	6
1	2	3	3	5	7
2	3	1	4	9	2

Das Eingabe- Quadrat Q(.I,J.) muß in jeder Zeile aus den verschiedenen Zahlen <1,...,N> gebildet sein, in einer Diagonalrichtung gleiche Zahlen besitzen und "magisch" sein. Dann besitzt das um 90 Grad (rechts)gedrehte Quadrat Q(.N+1-J,I.) in dieser Diagonalrichtung verschiedene Zahlen und ist ebenfalls "magisch". Das Paar-Quadrat daraus enthält N*N verschiedene Paare (I,J) aus <1,...,N> * <1,...,N>. Aus diesen Paaren lassen sich nach der Formel N*(I-1)+J genau die Zahlen 1,2,...,N*N bilden. Anwendung der Formel auf die Quadrate Q(.I,J.) und Q(.N+1-J,I.) läßt deren Eigenschaft "magisch" invariant. Geeignete Eingabe - Quadrate findet man für beliebige ungerade $N \geq 1$.

Es entstehen bei Wahl der Eingabe- Quadrate analog obigem Beispiel genau die von de la Loubère 1687 aus Siam nach Frankreich gebrachten magischen Quadrate der Form:

" Beginnend mit 1 in der Mitte der obersten Zeile gehe man durchnumerierend nach rechts oben (falls das Quadrat verlassen wird, denke man sich das Quadrat ringsum schachbrettartig neu angesetzt) bis man ein bereits besetztes Feld trifft, dann setze man ein Feld senkrecht unter dem zuletzt numerierten Feld wieder an."

```
PROGRAM PRUEFMAGISCH(INPUT,OUTPUT);

 CONST N=3;TYPE QUADRAT=ARRAY(.1..N,1..N.)OF INTEGER;
 VAR Q:QUADRAT;IO,JO:INTEGER;

 FUNCTION SUM(N:INTEGER;FUNCTION F:INTEGER):INTEGER;
  BEGIN IF N=1 THEN SUM:=F(1) ELSE SUM:=SUM(N-1,F)+F(N) END;

 FUNCTION ZEILE(J:INTEGER):INTEGER;
  BEGIN ZEILE:=Q(.IO,J    .) END;
 FUNCTION SPALT(I:INTEGER):INTEGER;
  BEGIN SPALT:=Q(.I ,JO   .) END;
 FUNCTION HDIAG(I:INTEGER):INTEGER;
  BEGIN HDIAG:=Q(.I ,I    .) END;
 FUNCTION NDIAG(I:INTEGER):INTEGER;
  BEGIN NDIAG:=Q(.I ,N+1-I.) END;

BEGIN
 FOR IO:=1 TO N DO BEGIN
 FOR JO:=1 TO N DO READ   (                 Q  (.IO,JO.));
                   READLN                            END;
 FOR IO:=1 TO N DO WRITELN('ZEILE',IO:1,' = ',SUM(N,ZEILE):2);
 FOR JO:=1 TO N DO WRITELN('SPALT',JO:1,' = ',SUM(N,SPALT):2);
                   WRITELN('HDIAG',     ' = ',SUM(N,HDIAG):2);
                   WRITELN('NDIAG',     ' = ',SUM(N,NDIAG):2)
END.
```

Goethe: Faust 1 (Hexenküche)

Du mußt verstehn!
Aus Eins mach' Zehn, Und Zwei laß gehn, Und Drei mach' gleich,
So bist du reich.
Verlier die Vier!
Aus Fünf und Sechs, So sagt die Hex', Mach Sieben und Acht,
So ist's vollbracht: Und Neun ist Eins,

Eingabe	Ausgabe
10 2 3	ZEILE1 = 15
	ZEILE2 = 15
	ZEILE3 = 15
0 7 8	SPALT1 = 15
	SPALT2 = 15
	SPALT3 = 15
5 6 4	HDIAG = 21
	NDIAG = 15

Und Zehn ist keins.

Eingabe	Ausgabe
8 1 6	ZEILE1 = 15
	ZEILE2 = 15
	ZEILE3 = 15
3 5 7	SPALT1 = 15
	SPALT2 = 15
	SPALT3 = 15
4 9 2	HDIAG = 15
	NDIAG = 15

Das ist das Hexen= Einmal= Eins!

Man beachte, daß hier die Iteration SUM rekursiv und nicht repetiv mit Hilfe einer FOR - Schleife ausgeführt wird. Das ist für kurze Iterationen empfehlenswert, da sich hier der Aufwand einer FOR - Schleife noch nicht auszahlt. Die Laufzeiten beider Versionen sind in PASCAL etwa gleich (in ALGOL 68 ist die rekursive Fassung sogar kürzer).

```
PROGRAM LABYRINTH(INPUT,OUTPUT);

 CONST M=9;N=9;ARIADNE=6;ARJADNE=4;
 VAR I,J:INTEGER;L:ARRAY(.1..M,1..N.)OF CHAR;

PROCEDURE FADEN(X,Y:INTEGER);
 BEGIN IF                L(.X,Y.) =' '
        THEN BEGIN
       (*FADEN AUSLEGEN*) L(.X,Y.):='.';
         IF(X<>1)AND(X<>M)AND(Y<>1)AND(Y<>N)
          THEN BEGIN
         (*REKURSION*)          FADEN(X-1,Y);
                          FADEN(X,Y-1);FADEN(X,Y+1);
                                FADEN(X+1,Y)           END
          ELSE BEGIN
         (*AUSGANG*)       FOR I:=1 TO M DO            BEGIN
                           FOR J:=1 TO N DO WRITE(L(.I,J.));
                                            WRITELN    END;
                                            WRITELN    END;
       (*FADEN EINHOLEN*) L(.X,Y.):=' '                END
 END;

BEGIN  FOR I:=1 TO M DO
 BEGIN FOR J:=1 TO N DO READ(L(.I,J.));READLN END;
 FADEN(ARIADNE,ARJADNE)
END.
```

```
|Eingabe  |Ausgabe
+---------+---------
|0000 0000|0000.0000
|0       0|0    ....0
|0000000 0|0000000.0
|0     0 0|0...   0.0
|0 0 0 0 0|0.0.0 0.0
|0 0 0 0 0|0.0.0 0.0
|0 000 0 0|0.000 0.0
|0       0|0.......0
|000000000|000000000
|         |
|         |0000.0000
|         |0    ....0
|         |0000000.0
|         |0   ...0.0
|         |0 0.0.0.0
|         |0 0.0.0.0
|         |0 000.0.0
|         |0     ...0
|         |000000000
```

Beim Auslegen des Ariadne- Fadens werden zwar nacheinander alle vier möglichen Richtungen durchprobiert, aber es wird erst eine Richtung mit dem Faden ganz durchlaufen und der Faden wieder eingeholt, bevor die nächste Richtung eingeschlagen wird. So durchläuft man nacheinander alle zu den Ausgängen führenden Wege, druckt am Ausgang das jeweilige Weg- Bild aus und sitzt zum Schluß wieder an der Anfangsstelle im Labyrinth.

Der Ariadne - Faden, mit dessen Hilfe einst Theseus vor mehr als 4000 Jahren den Weg durch das Labyrinth des Minotaurus auf Kreta fand, ist in moderner Fassung heute als "backtracking" - Algorithmus zum " Rücklauf aus Sackgassen" bekannt, siehe Übungsaufgaben 9.7 .

In PASCAL lassen sich Felder mit vorher einlesbaren Indexgrenzen (dynamische Feldvereinbarung wie in ALGOL) nicht einführen, auch nicht mittels Prozedur- Vereinbarung, z. B. (inkorrekt, N ist nicht konstant, vgl. 6.1.1.1)

```
PROCEDURE LAB(N:INTEGER);VAR L:ARRAY(.1..N,1..N.)OF CHAR;... .
```

4.2.2 String

Ein string (deutsch Zeichenkette) der Länge 1 ist eine Konstante vom Typ CHAR (1.3) und ein string der Länge N>1 ist eine Konstante vom Typ

```
PACKED ARRAY(.1..N.)OF CHAR
```

(PACKED siehe 4.3).

Konstanten vom "Typ string" (wie man sieht für verschiedene N>1 verschieden definiert und deshalb kein einheitlich standardmäßig unter einem type identifier vereinbarter Typ) werden gebildet durch Begrenzung der ihren Wert darstellenden Zeichen oder Zeichenketten in Apostroph "'", z. B.

'0','A',' ','STRING DER ''LAENGE'' 22' .

Strings mit dynamisch wachsenden Indexgrenzen (ALGOL 68-STRING) gibt es in PASCAL nicht. Man beachte, daß strings der Länge 1, d. h. CHAR, ohne PACKED vereinbart sind (Programmbeispiel ANZAHLE 0.2.1 ff) und daß strings der Länge>1 stets mit PACKED zu vereinbaren sind (Programmbeispiele LEXIKON 1.3 ff und NOSTRADAMUS unten ff).

```
PROGRAM NOSTRADAMUS(OUTPUT);

 TYPE STELLE=CHAR;ZEILE=PACKED ARRAY(.1..10.)OF STELLE;
                  SEITE=PACKED ARRAY(.1.. 3.)OF ZEILE ;
                  BUCH =PACKED ARRAY(.1.. 3.)OF SEITE ;
 VAR Z:ZEILE;S:SEITE;B:BUCH;

BEGIN

 B(.1,1.):='UND  DIES ';
 B(.1,2.):=' GEHEIMNIS';
 B(.1,3.):='VOLLE BUCH';

 B(.2,1.):='VON NOSTRA';
 B(.2,2.):='DAMUS  EIG';
 B(.2,3.):='NER HAND, ';

 B(.3,1.):='IST DIR ES';
 B(.3,2.):=' NICHT  GE';
 B(.3,3.):='LEIT GENUG';

 S:=B(.1.);Z:=''' GOETHE,F';
 WRITELN('''',S(.1.),S(.2.),S(.3.),Z,'AUS',B(.3,3,4.))
END.
```

```
|Ausgabe
+-----------------------------------------
|'UND  DIES  GEHEIMNISVOLLE BUCH' GOETHE,FAUST
```

Die (Standard-) Operationen, Standard- Funktionen und Standard-Routinen für (CHAR und) string- Argumente (auch gemischt mit anderen Argument- Typen) sind im Anhang A2.3-5 aufgelistet.

4.3 PACKED

Das (reservierte) word symbol PACKED kann nach Syntax- Diagramm A1.3 (für type) stehen vor allen "strukturierten Typen", d. h. vor

- Potenzmengen- Vereinbarungen(4.1.3), z. B. PACKED SET OF CHAR ,
- Feld- Vereinbarungen (4.2.1), z. B. PACKED ARRAY(.1..80.) OF CHAR ,
- RECORD - Struktur- Vereinbarungen (5.2), z. B. PACKED RECORD B:BOOLEAN; C:CHAR; I:INTEGER END oder
- FILE - Vereinbarungen (7.1) , z. B. PACKED FILE OF CHAR,

und bedeutet "möglichst dicht gepackte Speicherung" der Werte ohne Rücksicht darauf, ob dadurch die Adressierung der Werte komplizierter, der Speicherzugriff also Laufzeit- aufwendiger wird.

Wichtig ist PACKED eigentlich nur für nicht- Byte-adressierbare Maschinen, bei denen 1 CHAR normalerweise, d. h. ohne PACKED, mehr als 8 Bits belegen würde.

Prinzipiell ist ein PACKED type verschieden vom zugehörigen type, d. h. assignment (3.2.1) oder Parameterübergabe (6.1) zwischen diesen verschiedenen Typen oder WRITE (1.5) für "unpacked string" ist unzulässig (de facto ist dies jedoch bei den meisten Compilern zugelassen).

Die Standard- Routinen

PACK(A,I,Z) und UNPACK(Z,A,I)

zum Konvertieren eines durch I angegebenen Teilfelds des ARRAY A in einen PACKED ARRAY Z (im Fall PACK) und umgekehrt (im Fall UNPACK) sind im Anhang A2.5.1 aufgelistet. Man beachte, daß hier über die Möglichkeit der PACKED - Konvertierung hinaus neuartige " Teilfeldaufrufe" ermöglicht werden, die für Felder (4.2.1) bisher nicht direkt programmierbar waren.

4.4	Testfragen (mit Nummernhinweisen)	Antworten
4.1.1	Welche der folgenden sind korrekte (scalar type) Typ- Vereinbarungen ?	
	TYPE EINERMENGE=(ELEMENT) TYPE UNALIBISII=(I,II) TYPE LOGISCH =(NULL,WAHR) TYPE DIS=(D,I,S);JUNKT=(J,U,N,K,T)	alle
	TYPE EINERMENGE =(1) TYPE DEZIMAL1BIS2=(1,2) TYPE LOGICAL =(ZERO,TRUE) TYPE KON=(K,O,N);JUNKT=(J,U,N,K,T)	keine
4.1.1	In ORD(X) tritt nur das Element X als Parameter auf, aber nicht die Menge. Was ergibt sich als Nachteil ?	Nur disjunkte Mengen sind als Aufzähltyp vereinbar.
4.1.1	Ist REAL ein Aufzähltyp ? Wenn ja, haben alle REAL - Zahlen X eine Ordnungsnummer ORD(X) ?	ja ja (bis MAXINT druckbar)
4.1.1	Was wird ausgedruckt ?	
	...;WRITE(0<MAXINT+0.5);...	TRUE
4.1.2	Welche der folgenden sind korrekte (subrange type) Typ- Vereinbarungen ?	
	TYPE EINERMENGE=1..1 TYPE UMORIGO =+1..-1 TYPE LOGISCH =TRUE..FALSE	keine
	TYPE DEZIMAL1BIS2=1..2 TYPE UMORIGO =-1..+1 TYPE LOGISCH =FALSE..TRUE	alle
4.1.2	Ist REAL ein Teilbereichtyp ?	nein
4.1.2	Was wird ausgedruckt ?	
	...;CASE FALSE OF TRUE:WRITE(TRUE) END; WRITE(FALSE);...	undefined (3.2.5.2)
4.1.3	Welche der folgenden sind korrekte (power set) Typ- Vereinbarungen ?	
	TYPE POTENZMENGE=SET OF BOOLEAN	ja
	TYPE POTENZMENGE=SET OF SET OF BOOLEAN	nein
	TYPE POTENZMENGE=SET OF ARRAY(.BOOLEAN.)OF BOOLEAN	nein

	Frage	Antwort
4.1.3	Ist M eine Potenzmenge ? TYPE POTENZMENGE=SET OF REAL; VAR M:POTENZMENGE	nein, eine Menge aus der Potenzmenge
4.1.3	Welche der folgenden sind korrekte Eigenmengen und welchen Wert haben sie dann?	
	(.1,1..1,+1..-1,SUCC(1)..PRED(1).)	ja, (.1.)
	(..) BZW (.'Z'..'A'.)	ja, leere Menge
	(.(..),,(NULL,OH,FALSCH),0,0,FALSE.)	nein
4.2.1	Sind bei zeilenweiser Ausgabe einer Matrix mit Zeilenvorschub nach jeder Zeile die Elemente der Matrix den Indizes zugeordnet wie in einer kartesischen Ebene (Beispiel LABYRINTH ff) ?	nein, Matrixelement A(x,y) entspricht dem kartesischen Punkt (y,-x)
4.2.1	Können wie in ALGOL 60 auch in PASCAL Indexgrenzen bei Feld- Vereinbarungen und Index- Ausdrücke beim Aufruf von Feld-Variablen vom Typ REAL sein (und wie in ALGOL 60 zu INTEGER gerundet werden) ?	nein (aus Gründen der Laufzeit-Optimierung)
4.2.2	Gibt es den Typ STRING in der allgemeinen string- Bedeutung in PASCAL standardmäßig oder könnte er vom Programmierer selbst vereinbart werden ?	nein, nein, alle strings verschiedener Länge sind voneinander verschieden im Typ.
4.2.2	Von welchem Typ und von welcher Wortlänge ist '''' ?	CHAR, 1
4.2.2	Ist '' eine Konstante vom " Typ string" (die das leere Wort bezeichnet) ?	nein, es gibt nur strings der Länge ≥ 1
4.2.3	Sind PACK bzw. UNPACK auch für Potenzmengen, Verweisvariablen, RECORD - Strukturen oder Dateien definiert ?	nein, nur für Felder

5 VERWEISVARIABLEN (POINTER) UND RECORD-STRUKTUREN

Dem Pascal- Programmierer erschließt sich durch Verwendung von

- RECORD structure (deutsch RECORD -, Listen - Strukturen), z. B.

```
TYPE LISTE=RECORD WORT:PACKED ARRAY(.1..N.)OF CHAR;
                  NACHFOLGER:↑LISTE                 END
```
und

- pointer (deutsch Verweisvariablen), z. B.

```
VAR ZEIGER:↑LISTE
```

ein neues Gebiet, das mathematisch der Relationen- Algebra (Relationen- Diagramme, Bäume," Verbunde") und der Graphentheorie (gerichtete Graphen), programmiertechnisch den Listen- Strukturen (LISP 1960) und in den Anwendungen hauptsächlich den Dokumentationssystemen (engl. information retrieval) zugerechnet wird.

5.1 Verweisvariablentypen und NEW

Ein pointer type (deutsch Verweisvariablentyp) wird nach Syntax- Diagramm A1.3 (für type) eingeführt in der Form

```
.-------------------.
|                   |
| ↑ type identifier |
|                   |
'-------------------'
```

und zwar entweder in Typ- Vereinbarungen (2.3), z. B.

```
TYPE REFREAL=↑REAL
```
,

oder in Variablen- Vereinbarungen (2.4), z. B.

```
VAR XX:↑REAL
```
.

Wie bei jeder (Konstanten- oder) Variablen- Vereinbarung wird auch bei einer Verweisvariablen- Vereinbarung gleichzeitig mit der Definition des PASCAL - Objekts, d.h. des Namens der Verweisvariablen, ein internes Objekt, d.h. ein Speicher mit Adresse, Inhalt und Typ (vgl. 3.2.1), neu erzeugt. Die Besonderheit ist nur, daß der Inhalt des einer Verweis- Variablen zugeordneten Speichers nicht dazu bestimmt ist, einen " Endwert" aufzunehmen, sondern als " Wert" die Adresse eines anderen internen Objekts (Speichers), auf das damit "verwiesen" wird. Die Erzeugung dieses zweiten internen Objekts und die Herstellung des Verweises, d.h. das überschreiben des Inhalts des ersten internen Objekts durch die Adresse des zweiten internen Objekts geschieht dynamisch an der gewünschten Stelle im Programm durch Aufruf der im Anhang A2.5 genannten Standard- Prozedur

```
.------------------------------.
|                              |
| NEW((*pointer type*)variable) |
|                              |
'------------------------------'
```
.

Dabei ist noch keinesfalls dem durch NEW - Aufruf erzeugten zweiten internen Objekt ein aktueller Wert zugewiesen, d.h. dessen Inhalt ist noch undefined und kann anschließend z. B. per READ oder per assignment angewiesen werden. Auch Verweisketten über 3 und mehr interne Objekte (pointer höherer Stufe) sind konstruierbar.

Zugriff auf das zweite (und falls vorhanden dritte, vierte,...) interne Objekt eines pointers, d.h. das interne Objekt, auf das sein zugeordnetes erstes internes Objekt "verweist", erfolgt durch (explizites) " Entverweisen", das nach Syntax- Diagramm A1.4 (für variable) geschieht in der Form

```
.-----------------------------------------------------------.
|                                                           |
| (*pointer type*) variable (*or field*) identifier ↑...↑   |
|                                                           |
'-----------------------------------------------------------'
```

d. h. mit nachgesetztem (inversen) Verweispfeil "↑" (bei pointern höherer Stufe nach Bedarf mehrere nachgesetzte Verweispfeile).

```
.--------------------------------------------------------------------.
|                                                                    |
| PROGRAM ZWEIZEIGER(OUTPUT);                                        |
|                                                                    |
|     VAR  XX          ,       YY :↑REAL;BEGIN    NEW(XX);           |
|     <1> '-┬'                 '-┬'               <2>                |
|           |                    |                YY:=XX;            |
|       .--┴--.              .--┴--.              <3>                |
|                                                                    |
|      .       .         .       .                                  |
|      |-------|   <3>   |-------|                                   |
|      |    ...|.........|..>    |                                   |
|   ...|..> ---+--.   .--+---    |                                   |
|   .  |-------|  |   |  |-------|                                   |
|   .  . ↑REAL .  |   |  . ↑REAL .                                   |
|   .  '-----'    |   |  '-----'                                     |
|   .    neu      |   |     neu                                      |
|   .  erzeugt    |   |   erzeugt        XX↑:= 2.7 ;WRITELN( YY↑ )   |
| <2>.   <1>   <2>|   |<3> <1>           <4>   '---'         '---'   |
|   .             |   |                          |     END.    |     |
|   .             |   |                          |             |     |
|   .          .--+--+--.                     .--┴--.          |     |
|   ..............▼  ▼ .                   .        .          |     |
|              |-------|       <4>          |-------|          |     |
|              |    <..|....................|..2.7  |          |     |
|              |-------|                    |-------|          |     |
|              . REAL  .                    . REAL  .          |     |
|              '---┬--'                     '-----'            |     |
|              neu |                       a priori            |     |
|              er- |  zeugt                erzeugt             |     |
|              <2> |                                           |     |
|                  '-------------------------------------------'     |
|                                                                    |
'--------------------------------------------------------------------'
```

```
|Ausgabe
+---------------------
|+2.6999999999999E+00
```

Die mit NEW erzeugten internen Objekte sind "unsterblich" (vom Programmierer nur mit der Standardprozedur DISPOSE, A2.5, zu löschen) in dem Sinne, daß sie nicht wie andere interne Objekte nach Verlassen des nächsten sie umgebenden Vereinbarungsbereichs (das PROGRAM oder eine PROCEDURE oder FUNCTION) als Speicher wieder freigegeben werden. Das hat entscheidende Vorteile für den Aufbau von Listen mit Hilfe von Prozeduren, hat aber andererseits den Nachteil, daß "lebende Speicher- Leichen" entstehen können, falls alle ehemals auf ein namenloses NEW - Objekt verweisenden benannten Nicht- NEW - Objekte nicht mehr existieren. Der Compiler muß also wiederholt zur Laufzeit garbage collection (deutsch Müllabfuhr, Entschrottung, Speicherbereinigung) durchführen, was relativ kompliziert und Laufzeit-aufwendig ist (vgl. 6.2.5).

5.2 RECORD - Strukturen

RECORD - Strukturen sind wie Mengen (4.1) und Felder (4.2) Objekte, die unter einem Namen eine Menge von Teilobjekten, die RECORD - Struktur- Komponenten zusammenfassen.

Vorab eine Gegenüberstellung von RECORD - Strukturen, Mengen und Feldern:

- Die Elemente einer Menge sind Konstanten. Die Elemente eines Feldes sind Variablen und notwendigerweise alle vom gleichen Typ, die Komponenten einer RECORD - Struktur sind Variablen und können verschiedenen Typs sein (allgemeinere Verwendbarkeit).

- Die Namen der Elemente eines Feldes werden durch den Feldnamen und sonst nur durch Indizes innerhalb von Indexgrenzen bestimmt, die Namen der Elemente einer Menge durch die individuellen Element- Namen und die Namen der Komponenten einer RECORD - Struktur durch den RECORD - Namen und die innerhalb des RECORDs individuellen Komponenten- Namen (umständliche Benennung).
Das schließt wegen des untragbaren Schreibaufwandes für die vielen Komponentennamen die Verwendung von größeren RECORDs (und größeren Mengen) aus. Allerdings lassen sich Listen auch aus "namenlosen" Objekten (vgl. NEW 5.1 und das Programmbeispiel ANONYM 5.2.1) und wenigen "laufenden Zeigern" mit RECORD - Strukturen aufbauen (gut für Listen- Verarbeitung).

- Die Identifikation von Feldelementen ist erst dynamisch zur Laufzeit durch Berechnung der Indizes möglich, die Identifikation von Elementen aus Mengen oder Komponenten von RECORD - Strukturen bereits statisch zur Übersetzungszeit (Laufzeit-optimal). Außerdem müssen Elemente verschiedener Mengen prinzipiell verschieden sein (wegen der Eindeutigkeit der Ordnungsfunktion ORD A2.4.3), Komponenten verschiedener RECORD - Strukturen dürfen namensgleich sein (Namens- Ersparnis).

5.2.1 RECORD - Typen und NIL

Ein record type (deutsch RECORD -(Struktur-) Typ, Listen- Typ) wird nach Syntax- Diagramm A1.3 (für type und field list) eingeführt in der Form (zunächst ohne CASE, vgl. 5.2.2)

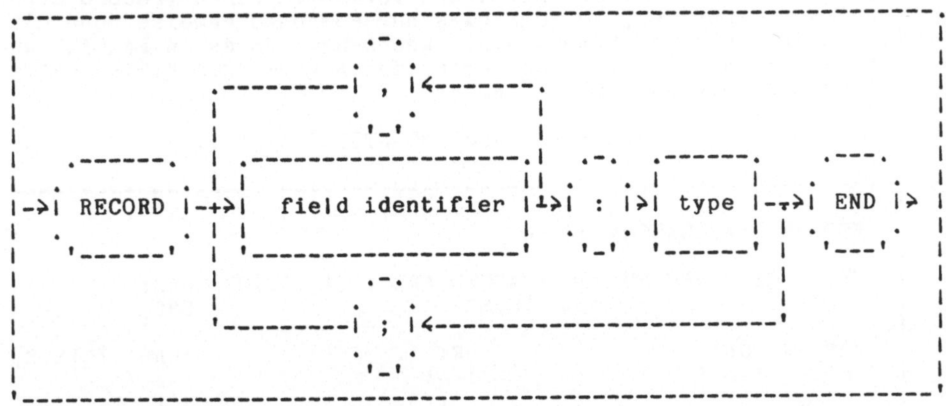

und zwar entweder in Typ- Vereinbarungen (2.3), z. B.

```
TYPE PATIENT=RECORD NACHNAME,VORNAME,DIAGNOSE:
                    PACKED ARRAY(.1..20.)OF CHAR;
                    ALTER:0..150;
                    SEX:(MANN,FRAU);
                    VATER,MUTTER:↑PATIENT END          ,
```

oder in Variablen- Vereinbarungen (2.4), z. B.

```
VAR DATUM:RECORD WOCHENTAG:(MO,DI,MI,DO,FR,SA,SO);
                 MONATSTAG:1..31 END                  .
```

Eine vereinbarte Komponente (englisch field) einer RECORD - Struktur wird nach Syntax- Diagramm A1.4 (für variable) aufgerufen in der Form

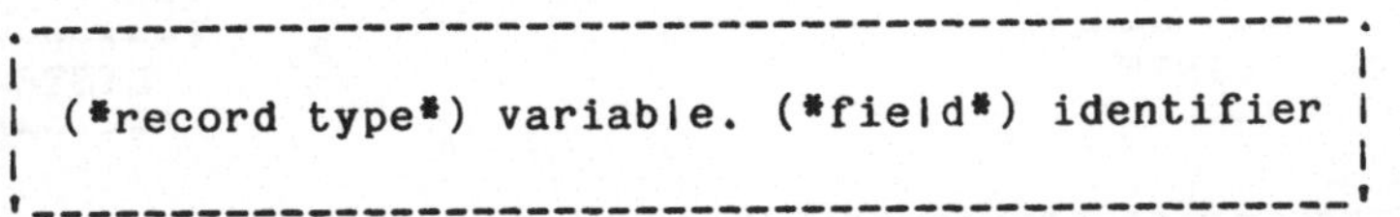

,

d. h. durch nachgesetzten Punkt "." und anschließenden Komponentennamen- Aufruf. Die Komponenten sind als Variable vereinbart. Ein RECORD - Struktur- Typ wirkt also bei seiner Vereinbarung auch wie <u>Variablen- Vereinbarungen</u> (VAR 2.4) für alle seine Komponenten. Dabei dürfen außerhalb der betreffenden RECORD - Struktur andere Größen unter den gleichen Namen wie die Komponentennamen vereinbart sein.

RECORD - Strukturen fallen etwas aus dem Konzept der " Bereichsschachtelung" (6.2) heraus, da die Komponenten lokal im RECORD vereinbart und dennoch außerhalb des RECORDs unter Zuhilfenahme des RECORD - Namens aufrufbar sind.

Will man einer record structure Variablen einen (record structure) Wert zuweisen, so kann dies nur komponentenweise oder mit Hilfe eines with statement 5.2.3 geschehen, da es in PASCAL (anders als in ALGOL 68) leider keine den Eigenmengen 4.1.3 analogen " Eigenstrukturen" gibt, z. B.

...;DATUM.WOCHENTAG:=MO;DATUM.MONATSTAG:=21;... .

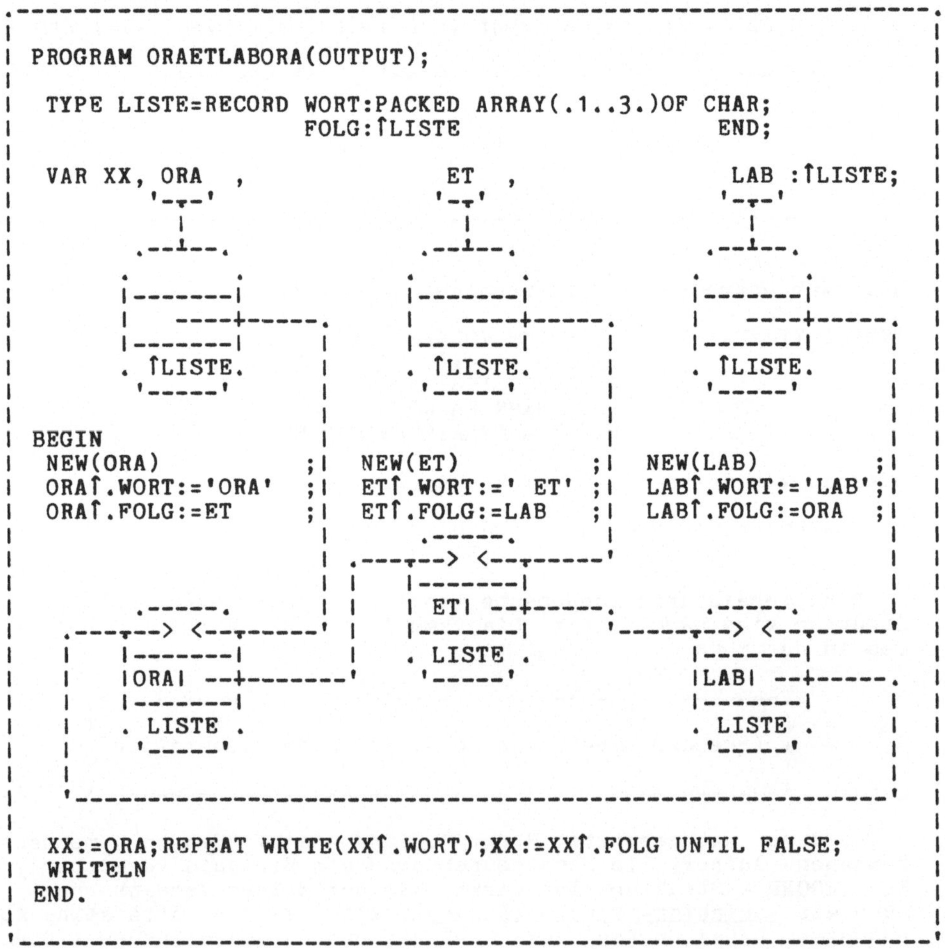

```
PROGRAM ORAETLABORA(OUTPUT);

 TYPE LISTE=RECORD WORT:PACKED ARRAY(.1..3.)OF CHAR;
                   FOLG:↑LISTE                   END;

 VAR XX, ORA ,            ET ,             LAB :↑LISTE;

BEGIN
 NEW(ORA)            ;  NEW(ET)            ;  NEW(LAB)            ;
 ORA↑.WORT:='ORA'    ;  ET↑.WORT:=' ET'    ;  LAB↑.WORT:='LAB'    ;
 ORA↑.FOLG:=ET       ;  ET↑.FOLG:=LAB      ;  LAB↑.FOLG:=ORA      ;

 XX:=ORA;REPEAT WRITE(XX↑.WORT);XX:=XX↑.FOLG UNTIL FALSE;
 WRITELN
END.
```

Ausgabe	
ORA ETLABORA ETLABORA ETLABORA ...	(bis zur Überschreitung der vorgegebenen Rechenzeit- Schranke)

Man beachte, daß XX, ORA, ET, LAB notwendig vom pointer type sind und daß Komponentenaufrufe, z. B. in ORA↑.FOLG:=ET, nur nach " Entverweisen" (nachgesetzter Verweispfeil "↑") syntaktisch korrekt möglich sind. Für XX braucht kein zweites internes Objekt mit NEW erzeugt zu werden, da XX nach dem assignment XX:=ORA auf das gleiche zweite interne Objekt wie ORA zeigt (vgl. Programmierbeispiel ZWEIZEIGER 5.1 ff). ORAETLABORA beschreibt eine " Ring-Struktur".

```
.--------------------------------------------------------------------.
|                                                                    |
| PROGRAM ENDSTATION(OUTPUT);                                        |
|                                                                    |
|  TYPE LISTE=RECORD WORT:PACKED ARRAY(.1..6.)OF CHAR;               |
|                    FOLG:↑LISTE                  END;               |
|                                                                    |
|  VAR  LINKS ,            MITTE ,            RECHTS ,XX:↑LISTE;     |
|      '---.---'          '---.---'          '---.---'                |
|          |                  |                  |                    |
|          |                  |                  |                    |
|      .---'---.          .---'---.          .---'---.                |
|      .       .          .       .          .       .                |
|      |-------|          |-------|          |-------|                |
|.----+---    |     .----+---    |     .----+---    |                |
||    |-------|     |    |-------|     |    |-------|                |
||    .↑LISTE .     |    .↑LISTE .     |    .↑LISTE .                |
||    '-------'     |    '-------'     |    '-------'                |
||BEGIN             |                  |                             |
|| NEW(LINKS)     ; | NEW(MITTE)     ; | NEW(RECHTS)     ;           |
|| LINKS↑.WORT:=    | MITTE↑.WORT:=    | RECHTS↑.WORT:=              |
||         'LINKS'; |         'MITTE'; |         'RECHTS';           |
|| LINKS↑.FOLG:=    | MITTE↑.FOLG:=    | RECHTS↑.FOLG:=              |
||           MITTE; |          RECHTS; |               NIL;          |
||                  |                  |                             |
||   .------.       |   .------.       |   .------.         .-----.  |
|'-.---->     .     '-.---->     .     '-.---->     .       .     .  |
|  |          |  .----+---->     |  .----+---->     |  .--+-->o    | |
|  |---------|   |    |---------|   |    |---------|   |  '-------'  |
|  |LINKS | +----'    |MITTE | +----'    |RECHTS|o+--'    -----      |
|  |---------|        |---------|        |---------|        ---      |
|  .  LISTE  .        .  LISTE  .        .  LISTE  .         -       |
|  '-------'          '-------'          '-------'     (*END-        |
|                                                       STATION*)    |
|  XX:=LINKS;WHILE XX<>NIL DO                                        |
|  BEGIN WRITE(XX↑.WORT);XX:=XX↑.FOLG END;WRITELN                    |
| END.                                                               |
|                                                                    |
'--------------------------------------------------------------------'
```

```
|Ausgabe
+------------------
|LINKS MITTE RECHTS
```

In Unterschied zum vorhergehenden Programmbeispiel ORAETLABORA benötigt ENDSTATION einen " Leerverweis mit Endstation- Effekt" um die "endliche Ketten- Struktur" abzuschließen und um den " Leerverweis" per Programm abfragbar zu machen.

```
Ein (*pointer type variable*) identifier
                         .-----.
                         |     |
                         | NIL |    (reserviertes word symbol)
                         |     |
                         '-----'
```

ist als " Leerverweis mit Endstation- Effekt" standardmäßig unter diesem einen Namen NIL für alle gewünschten record types vereinbart. Der Inhalt des NIL zugeordneten internen Objekts enthält die als " Endstation" vereinbarte Adresse.

```
.------------------------------------------------------------------------.
|                                                                        |
| PROGRAM ANONYM(INPUT,OUTPUT);(*KETTENSTRUKT. OHNE EXT. NAMEN*)         |
|                                                                        |
|  CONST N=12;TYPE STRING=PACKED ARRAY(.1..N.)OF CHAR;                   |
|                  LISTE =RECORD WORT:STRING;FOLG:↑LISTE END;            |
|                                                                        |
|  VAR  ZANF ,     ZEIG,          ZEND :↑LISTE;BEFEHL,WORT:STRING;       |
|       '-┬--'                    '-┬--'                                |
|         |                         |          I:INTEGER;               |
|      .--┴--.                   .--┴--.                                |
|      .     .                   .     .                                |
|      |-------|                 |-------|                              |
|.---+---     |             .---+---  ---+--------------------------.   |
||<2>|-------|              |<1>|-------|  <4>                      |   |
||    .↑LISTE .             |   .↑LISTE .                           |   |
||    '-----'               |   '-----'                             |   |
||                          |                                       |   |
|| BEGIN ZEND:=NIL;         |                                       |   |
|| REPEAT FOR I:=1 TO N     | DO READ(BEFEHL(.I.));                 |   |
||        FOR I:=1 TO N     | DO READ(WORT   (.I.));READLN;         |   |
||  CASE BEFEHL(.1.)OF      |                                       |   |
||   'W'(*ORTEINGABE*):     | BEGIN IF ZEND=NIL                     |   |
||       THEN BEGIN         | <1>NEW(ZEND)                        ; |   |
||                          | <2>ZANF:=ZEND                   END   |   |
||       ELSE BEGIN         | <3>NEW(ZEND↑.FOLG)                  ; |   |
||                          | <4>ZEND:=ZEND↑.FOLG             END;  |   |
||                          |    ZEND↑.WORT:=WORT;ZEND↑.FOLG:=NIL   |   |
||                          |                                 END;  |   |
||     .-----.              |    .-----.      .-----.               |   |
|'---┬--->    .             '---┬--->   .     .   <---┬-------------'   |
|    |       |   .-->      .--+-->    |   .--+-->    |                  |
|    |-------|   |         |  |-------|   |  |-------|      .-----.     |
|    |ELLEN| +--'  ... --'  |KARIN| +--'  |ROSI |o+------┬-->o    .    |
|    |-------|               |-------|      |-------|     '-------'    |
| <1>. LISTE .              . LISTE .  <3>. LISTE .       -----        |
|     '-----'                 '-----'       '-----'         ---        |
|                                                            -         |
|    'F'(*OLGAUSGABE*):BEGIN ZEIG:=ZANF;                               |
|       WHILE ZEIG<>NIL DO                                             |
|        IF ZEIG↑.WORT=WORT                                            |
|         THEN BEGIN WRITELN(ZEIG↑.FOLG↑.WORT);ZEIG:=NIL END           |
|         ELSE            ZEIG:=ZEIG↑.FOLG                    END      |
|  END                                                                 |
| UNTIL FALSE END.                                                     |
|                                                                      |
'----------------------------------------------------------------------'
```

Eingabe	Ausgabe
WORTEINGABE:ELLEN	BAERBEL
WORTEINGABE:JLSE	KARIN
WORTEINGABE:BAERBEL	
FOLGAUSGABE:JLSE	
WORTEINGABE:MARIE	
WORTEINGABE:KARIN	
FOLGAUSGABE:MARIE	
WORTEINGABE:ROSI	

Das Programm endet (mit Fehlermeldung des Compilers), wenn die Eingabedaten erschöpft sind. Die WORTe JLSE, BAERBEL, MARIE, KARIN sind "anonym" abgespeichert.

5.2.2 RECORD - Typen mit CASE

Ein record type with CASE wird nach Syntax- Diagramm A1.3 (für type und field list) eingeführt in der Form

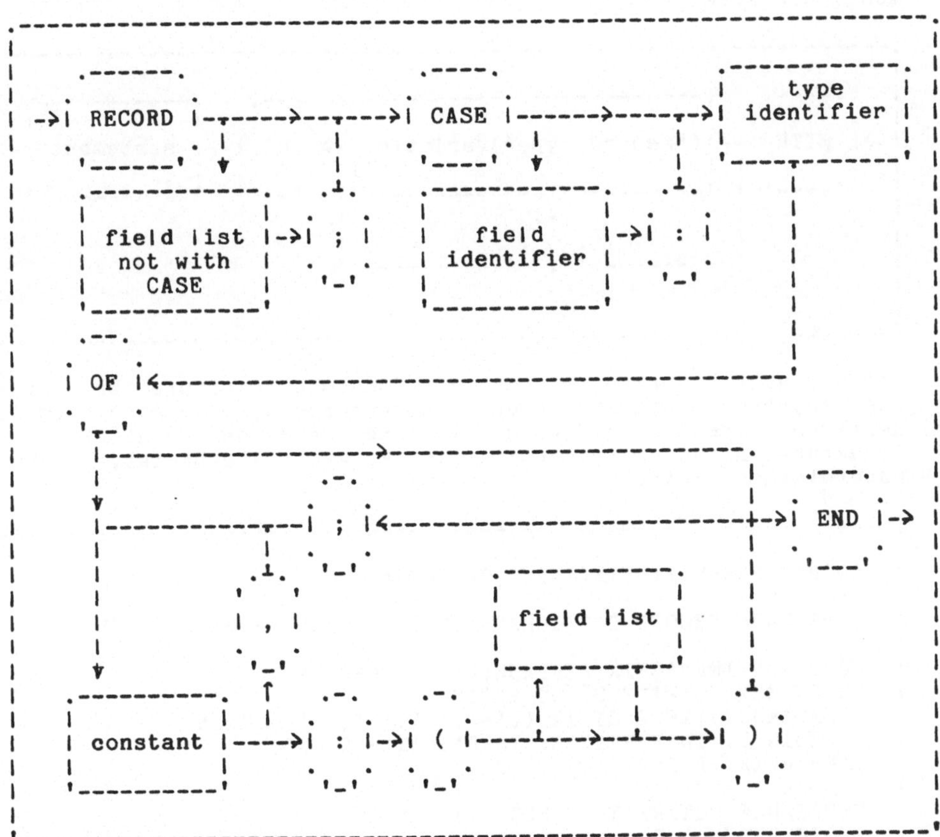

für RECORD - Strukturen, deren letzter Komponenten- Teil variieren kann, z. B.

```
TYPE SPEZIES=(LAMA,DROMEDARIUS,BACTRIANUS);
     CAMELUS=RECORD SEX:(HENGST,STUTE);
                    CASE ART:SPEZIES OF
                     LAMA,DROMEDARIUS: (HOEHE :40..300);
                     BACTRIANUS:(HOEHE1,HOEHE2:50..250)END;
```

VAR C:CAMELUS

Alle (!) Komponentennamen (field identifier) innerhalb einer RECORD - Struktur müssen verschieden sein. Es kann für einen CASE - Fall auch gar keine field list vereinbart sein ":()". Aufruf einer CASE - Komponente geschieht durch " Voreinstellung" des Variablennamens, hier C, auf den gewünschten CASE - Fall, z. B.

...;C.SEX:=HENGST;C.ART:=BACTRIANUS;C.HOEHE1:=210;C.HOEHE2:=190;....

5.2.3 With Statement

Ein with statement hat nach Syntax- Diagramm A1.5 (für statement) die Form

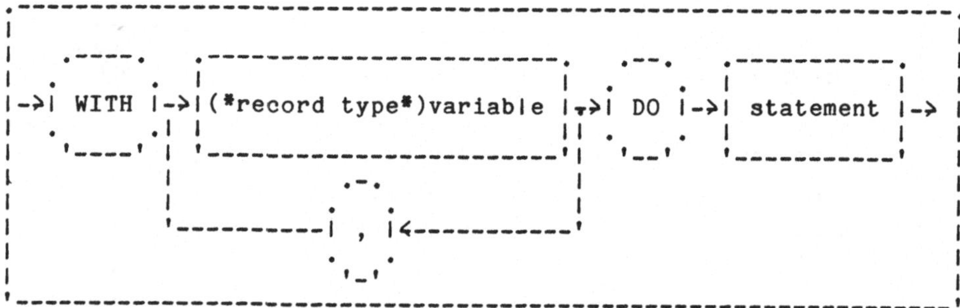

und bedeutet " Voreinstellung" der Komponentenaufrufe für (eine oder mehrere) bestimmte RECORD - Strukturen so, daß sich beim jeweiligen Komponentenaufruf die Nennung der Namen der RECORD - Struktur- Variablen (einschließlich Punkt ".") erübrigt, siehe nachfolgendes Beispiel:

```
PROGRAM PRAEFIXINFIX(INPUT,OUTPUT);

 TYPE BAUM=RECORD KNOT:CHAR;L,R:↑BAUM END;REFBAUM=↑BAUM;

 FUNCTION INPRAEFIX:REFBAUM;VAR B:REFBAUM;
 BEGIN NEW(B);WITH B↑ DO BEGIN
  READ(KNOT);IF KNOT IN (.'+','-','*','/'.) THEN
   BEGIN L:=INPRAEFIX;R:=INPRAEFIX END END;
 INPRAEFIX:=B END;

 PROCEDURE OUTINFIX(B:REFBAUM);
 BEGIN WITH B↑ DO
  IF KNOT IN (.'+','-','*','/'.) THEN BEGIN
   WRITE('(');OUTINFIX(L);WRITE(KNOT);OUTINFIX(R);WRITE(')')
  END ELSE WRITE(KNOT) END;

BEGIN OUTINFIX(INPRAEFIX);WRITELN END.
```

```
|Eingabe  |Ausgabe
+---------+-----------------
|+*A-BC/DE|((A*(B-C))+(D/E))
```

Man verfolge das Lesen und Schreiben des "binären" Baumes B (jeweils links und rechts ein " Unterbaum") anhand des rechts angegebenen "gerichteten Graphen". Die Knotenabarbeitung (" Traversierung") geschieht "prä" oder "in" der Rekursion.

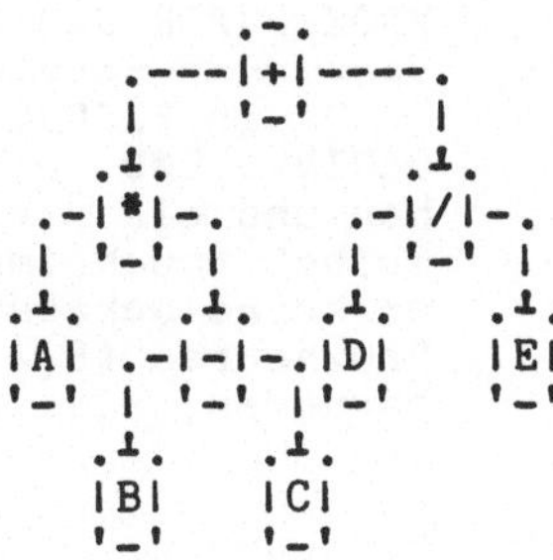


```
 Die Form        WITH v1   ,...,      vn DO statement
ist äquivalent   WITH v1 DO ... WITH vn DO statement     .
```

```
5.3    Testfragen (mit Nummernhinweisen)           | Antworten
       ==========----------------------------------+--------------------
                                                   |
5         Welche Stufe hat der folgende pointer   ?|
                                                   |
       TYPE REFREAL:↑REAL;VAR POINTER:↑REFREAL     | 2
                                                   |
5.1       Ein Programm beginnt mit                 |
                                                   |
       PROGRAM SPEICHERINHALT(INPUT);VAR XX:↑REAL; |
                                                   |
          Welches ist ein korrekter Abschluß   ?   |
                                                   |
       BEGIN READ(XX↑);WRITELN(XX↑)END.            | nein, kein Speicher
       BEGIN  NEW(XX );WRITELN(XX↑)END.            | nein, kein Inhalt
       BEGIN  NEW(XX↑);    READ(XX )END.           | nein, falsche Par.
       BEGIN  NEW(XX );    READ(XX↑)END.           | ja  ( kein Ausdruck)
                                                   |
5.2       Welche der folgenden sind korrekte (im   |
       Rechner darstellbare) RECORD - Strukturen  ?|
                                                   |
       TYPE T=RECORD R:REAL        END             | ja
       TYPE T=RECORD           S: T END            | nein, unendlich
       TYPE T=RECORD R:REAL;S: T END               | nein, unendlich
       TYPE T=RECORD R:REAL;S:↑T END               | ja
                                                   |
5.2       Vereinbare eine RECORD - Struktur für    | TYPE COMPLEX=RECORD
       komplexe Zahlen.                            |       RE,IM:REAL END
                                                   |
0.1       Wie lautet das entsprechende WRITE in    | WRITELN(PA↑.
5.2.1  0.1, falls AHN als Feld vereinbart wird   ? |         AHN(.1.)↑.
                                                   |         AHN(.2.)↑.
       TYPE TAFEL=RECORD NAME:...;                 |         AHN(.3.)↑.
                    AHN:ARRAY(.1..3.)OF ↑TAFEL END |         NAME,...
                                                   |
5.2.2     Man berücksichtige  in der RECORD -      | CAMELUS=RECORD
       Struktur CAMELUS noch die Anzahl der Höcker |  HOECKER:(0..2);
       der Kamel- Spezies.                         |  SEX:...
                                                   |
5.2.3     Schreibe ein Programm                    | READ-WRITE vertauscht
       INFIXPRAEFIX                                |  wie 5.2.3
```

6 PROZEDUREN UND BEREICHSSCHACHTELUNG

Da in PASCAL alle Vereinbarungen des Programms (2) vor dem in BEGIN...END. eingeschlossenen Programmteil mit den statements stehen und ein statement (anders als in ALGOL 60/68 und SIMULA) selbst (auch implizit) keine Vereinbarungen enthalten kann, gibt es keine Schachtelung von Vereinbarungsbereichen (6.2) außer in Prozeduren (6.1), die als Vereinbarung selbst auch weitere Vereinbarungen, u.a. wieder Prozeduren, enthalten können.

6.1 Prozeduren

Prozeduren (dieser Sammelbegriff kommt im Report nicht vor) teilen wir je nach ihrem Resultat- Typ auf in

- Funktionen (englisch function, vereinbart als FUNCTION), die stets ein Resultat von scalar, subrange oder pointer type haben, d. h. innerhalb bzw. an Stelle von Ausdrücken als Funktionsaufruf (3.1.3) vorkommen können,

  z. B. SIN(X) , und

- Routinen (englisch (sub)routine, vereinbart als PROCEDURE), die stets in einer " Tätigkeit" (kein type, in ALGOL 68 Typ VOID) resultieren, d. h. innerhalb bzw. an Stelle von Anweisungen als Routineaufruf (3.2.2) vorkommen können,

  z. B. WRITE(X) , d.h.

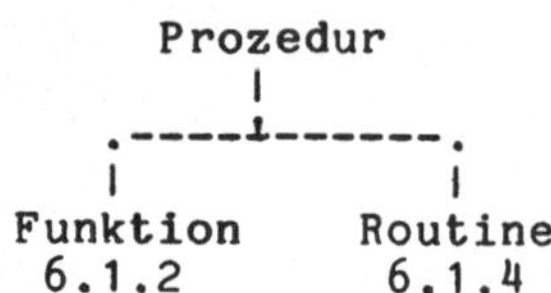

Prozeduren werden dazu verwendet, um Programmteile an mehr als einer Stelle in ein Programm per Unterprogramm- Ansprung (siehe unten SUBROUTINE CALL) einbringen zu können, ohne jedesmal die ganzen Programmteile in der Programmniederschrift wiederholen zu müssen.

Der Programmierer wird sich dankbar dieser mächtigen theoretischen Hilfsmittel bedienen, die vieles übersichtlicher machen und ohne die umfangreiche Probleme, auch in Gemeinschaftsarbeit, kaum programmtechnisch lösbar wären ("strukturiertes Programmieren"). Dennoch darf man bei aller Abstraktion und Idealisierung nicht die Realisierung in der zugrunde liegenden Maschinensprache außer acht lassen.

```
.------------------------------------------------------------------.
|                                                                  |
| PROGRAM AUSSENBEREICH(OUTPUT);                                   |
|                                                                  |
|  VAR GLOBAL:PACKED ARRAY(.1..15.) OF CHAR;                       |
|                                                                  |
|  PROCEDURE SUBROUTINE;BEGIN WRITELN(GLOBAL)END;                  |
|                                                                  |
|  PROCEDURE INNENBEREICH;                                         |
|   VAR GLOBAL:PACKED ARRAY(.1..9.) OF CHAR;                        |
|  BEGIN GLOBAL:='COPY RULE';SUBROUTINE END;                       |
|                                                                  |
| BEGIN GLOBAL:='SUBROUTINE CALL';INNENBEREICH END.                |
|                                                                  |
'------------------------------------------------------------------'
```

```
|Ausgabe
+---------------
|SUBROUTINE CALL
```

Diese " Probe aufs Exempel" zeigt, daß die Prozedur SUBROUTINE nicht in den INNENBEREICH hineinkopiert wird, dann hätte über den dortigen globalen Parameter "COPY RULE" ausgedruckt werden müssen, sondern daß sie als Programmteil am Ort ihrer Vereinbarung verbleibt und dort per Unterprogramm- An/ Rücksprung aufgerufen wird, so daß über den dortigen globalen Parameter "SUBROUTINE CALL" ausgegeben wird.

Prozeduren sind auch nicht (wie z. B. repetive Anweisungen 3.2.7) als Makro- Konstruktionen mit Hilfe bereits bekannter Sprachteile (etwa mit goto statements 3.2.6) zu deuten, da sich weder ein "innerer Bereich" noch ein " Unterprogramm- Rücksprung in einen inneren Bereich" durch andere PASCAL - Sprachelemente simulieren läßt.

Das nächste Beispiel verlangt die volle Aufmerksamkeit des Lesers, um die Reihenfolge der Abarbeitung von Unterprogramm- An/ Rücksprüngen und "normalen" GOTO - Sprüngen zu verstehen:

```
.------------------------------------------------------------------.
|                                                                  |
| PROGRAM GOREK(OUTPUT);                                           |
|                                                                  |
|  PROCEDURE GO(T:BOOLEAN);                                        |
|   LABEL 0815;                                                    |
|  BEGIN                                                           |
|   IF T THEN GOTO 0815 ELSE GO(NOT T);WRITELN('RUECKSPRUNG');     |
|  0815:END;                                                       |
|                                                                  |
| BEGIN GO(FALSE) END.                                             |
|                                                                  |
'------------------------------------------------------------------'
```

```
|Ausgabe
+-----------
|RUECKSPRUNG
```

Beim ersten Aufruf von GO mit dem aktuellen Parameter FALSE wird rekursiv GO zum zweiten Mal mit dem aktuellen Parameter TRUE aufgerufen. Diese Rekursion bricht ab mit dem GOTO - Sprung auf das END von GO . Man darf nun nicht den Rücksprung in den ersten Aufruf von GO vergessen und muß dort folgerichtig mit WRITELN('RUECKSPRUNG') fortsetzen.

6.1.1 Parameterübergabe

Prozeduren, d.h. sowohl Funktionen als auch Routinen, können in PASCAL nach Syntaxdiagramm A1.4 (für parameter list)

```
.-----------------------------------.
|                                   |
| formale Parameter der Anzahl n≥0  |
|                                   |
'-----------------------------------'
```

haben, die in der Prozedurvereinbarung nach dem Prozedurnamen (für n>0) in der Parameterliste in Klammern gesetzt und (für n>1) durch Semikolon getrennt aufgeführt werden und zwar in der Form

```
.--------------------------------------------------------------------.
|                               .-.                                  |
|                              .   .                                  |
|                       .-----| , |<----.                            |
|                       |      .   .     |                            |
|                       |       '-'      |                            |
|                       | .-------------.|  .-.    .-----------------. |
|                       | |             || .   .   |                 | |
| -.--------------------+>| identifier |+>| : |->| type identifier |.> |
|  |  .---.             | |             |  .   .   |                 || |
|  | .     .            | '-------------'   '-'    '-----------------'| |
|  |>| VAR |------------|                                             | |
|  | .     .            |                                             | |
|  |  '---'             |                                             | |
|  |  .--------.        |                                             | |
|  | .          .       |       .-.                                   | |
|  |>| FUNCTION |-------'      .   .                                  | |
|  | .          .  .----------| , |<----.                             | |
|  |  '--------'   |           .   .     |                             | |
|  |               |            '-'      |                             | |
|  |  .---------.  | .-------------.     |                             | |
|  | .           . | |             |     |                             | |
|  '>| PROCEDURE |+>| identifier  |+----------------------------------' |
|    .           .  |             |                                     |
|     '---------'    '-------------'                                    |
'--------------------------------------------------------------------'
```

Je nach Spezifikation der formalen Parameter in der Prozedurvereinbarung können im Prozeduraufruf an entsprechender Stelle in der Parameterliste aktuelle Parameter wie folgt aufgerufen werden:

Vorbezeichnung d.formalen Parameters	zulässiger aktueller Parameter	Aufrufart	Effekt
"leer"	Ausdruck	call by value	Eingabe einer Kopie (in neuen Speicher)
VAR	Variablenname	call by variable (by reference)	Ein/Ausgabe auf Original (alter Speicher)
FUNCTION PROCEDURE	Prozedurname	call by subroutine (by function or routine)	Bekanntgabe des Prozedur- Ansprungziels

6.1.1.1 Wertaufruf

Parameteraufruf per Wertaufruf (englisch parameter call by value) bedeutet Abarbeitung des als aktueller Parameter zulässigen Ausdrucks dynamisch zur Zeit des Prozeduraufrufs, Erzeugung eines neuen Arbeitsspeichers und Vorbesetzung dieses Speichers mit dem Wert des Ausdrucks. Das bedeutet im Falle, daß der Ausdruck speziell eine Variable ist, Schutz der Eingabe- Variablen gegen Überschreibung, da im weiteren Verlauf der Prozedurabarbeitung nur der neue Speicher des formalen Parameters, aber nicht der alte Speicher der Eingabe- Variablen überschrieben werden kann.

```
PROGRAM EUKLID(INPUT,OUTPUT);

 (*GROESSTER GEMEINSAMER TEILER*)

 VAR MO,NO:INTEGER;
 FUNCTION GGT(M,N:INTEGER):INTEGER;
 BEGIN
  WHILE M<>N DO IF M<N THEN N:=N-M ELSE M:=M-N;
  GGT:=M
 END;

BEGIN READ(MO,NO);WRITELN(GGT(MO,NO))END.
```

Eingabe	Ausgabe
66 385	11

Man beachte, daß in PASCAL (anders als in ALGOL 68) die formalen Parameter beim Wertaufruf wie Variablen vereinbart sind, somit sind N:=N-M und M:=M-N korrekte assignment statements (3.2.1).

```
.-----------------------------------------------------------------.
|                                                                 |
| PROGRAM EUKLIDREK(INPUT,OUTPUT);                                |
|                                                                 |
|  (*GROESSTER GEMEINSAMER TEILER*)                               |
|                                                                 |
|  VAR MO,NO:INTEGER;                                             |
|  FUNCTION GGT(M,N:INTEGER):INTEGER;                             |
|  BEGIN IF M=N THEN GGT:=M ELSE GGT:=GGT(N,ABS(M-N))END;         |
|                                                                 |
| BEGIN READ(MO,NO);WRITELN(GGT(MO,NO))END.                       |
|                                                                 |
'-----------------------------------------------------------------'
```

Ein/ Ausgabe wie oben.

In dieser rekursiven Fassung ist der zugrunde liegende Algorithmus (Euklid, ca. 300 v. Chr.) deutlicher zu erkennen: " Da jeder Teiler von m,n auch Teiler von n,|m-n| ist, kann man das zu untersuchende Zahlenpaar durch fortlaufende Subtraktion bis auf das Zahlenpaar m',m' reduzieren und erhält m' als den gesuchten gemeinsamen Teiler".

Wie schon zu den Beispielen 0.2.3 und 4.2.1 bemerkt wurde, ist nach den bisherigen Erfahrungen die für häufigen Unterprogrammaufruf benötigte Maschinenzeit zuungunsten rekursiv programmierter Algorithmen in Rechnung zu stellen. Es ist zu hoffen, daß verbesserte Unterprogrammtechniken bzw. automatische Umsetzung in eine effektivere Fassung hier künftig Abhilfe schaffen werden.

```
.-----------------------------------------------------------------.
|                                                                 |
| PROGRAM KETTENBRUCH(INPUT,OUTPUT);                              |
|                                                                 |
|  (*PI=2+2/(1+1*2/(1+2*3/(1+3*4/(...;EULER*)                     |
|                                                                 |
|  VAR N:INTEGER;                                                 |
|                                                                 |
|  FUNCTION FRAC(M:INTEGER):REAL;                                 |
|   VAR S:REAL;I:INTEGER;                                          |
|  BEGIN                                                          |
|   S:=SQRT(1+(N+1)*(N+2));                                       |
|   FOR I:=N DOWNTO M DO S:=1+I*(I+1)/S;                          |
|   FRAC:=S                                                       |
|  END;                                                           |
|                                                                 |
| BEGIN READ(N);WRITELN(2+2/FRAC(1):12:7)END.                     |
|                                                                 |
'-----------------------------------------------------------------'
```

Eingabe	Ausgabe
50	3.1415927

Ein Kettenbruch läßt sich, nach dem n-ten Glied abgebrochen, auf die Normalform

1+a(m)/(1+a(m+1)/(...1+a(n)/ Rest(n)))

bringen, wobei man als Rest etwa zu klein 1 oder zu groß 1+a(n+1) oder besser das geometrische Mittel sqrt(1*(1+a(n+1)) nehmen kann (hier a(n+1) positiv).

Dieser Kettenbruch zur Berechnung von PI ist so programmiert, daß die Prozedur FRAC auch leicht in rekursive Form umgeschrieben werden kann (Testfrage 6.3). Für große N ist dies jedoch nicht empfehlenswert, da dann die FOR - Schleife effektiver ist.

N ist eine "globale" Größe für die Prozedur, da N weder als formaler Parameter wie M, noch als sonstige "lokale" Größe, wie S und I, in der Prozedur vereinbart wurde (siehe Bereichsschachtelung 6.2.2).

6.1.1.2 Aufruf per Variable

Parameteraufruf per Variable (englisch parameter call by variable oder mißverständlich by reference) bedeutet Zugriff der als formaler Parameter vereinbarten Variablen auf dasselbe interne Objekt wie die als aktueller Parameter aufgerufene Variable. Dieses interne Objekt war bereits bei Vereinbarung der als aktueller Parameter aufgerufenen Variablen erzeugt worden. Damit sind die per Variablenaufruf angeschlossenen aktuellen Parameter sowohl als Eingabe- als auch als Ausgabe- Variablen verwendbar. Man beachte, daß Ausgabe über Parameter nicht per Wertaufruf, sondern nur per Variablenaufruf möglich ist und daß per Variablenaufruf sogar Ein- und Ausgabe über denselben Parameter möglich ist, was auch zu ungewollten Überschreibungen eines Eingabeparameters führen könnte. Aufruf per Variable bedeutet nicht "call by name" wie in ALGOL 60 (das es in PASCAL nicht gibt).

```
PROGRAM WERTTAUSCH(INPUT,OUTPUT);

 VAR XO,YO:REAL;

 PROCEDURE TAUSCH(VAR X,Y:REAL);
  VAR T:REAL;
 BEGIN T:=X;X:=Y;Y:=T END;

BEGIN READ(XO,YO);TAUSCH(XO,YO);WRITELN(XO,YO) END.
```

Eingabe	Ausgabe
2.72 3.14	+3.1399999999999E+00+2.7199999999999E+00

Da X,Y sowohl Eingabe- als auch Ausgabeparameter sind (ohne Eingabe könnte man die XO,YO - Werte nicht abfragen und ohne Ausgabe könnte man die vertauschten Werte nicht zuweisen) muß formal VAR X,Y:REAL vereinbart werden.

6.1.1.2 Aufruf per Variable

Auch ohne Hilfsspeicher T ist Tausch von X,Y möglich, z. B. durch X:=X+Y;Y:=X-Y;X:=X-Y.

Leider gibt es keinen einfacheren Tausch in PASCAL. X:=Y;Y:=X ist zwar zugelassen, ergibt aber keinen Tausch. X=:=Y ist nicht zugelassen und kann auch nicht (wie in ALGOL 68) als Operator definiert werden.

```
PROGRAM POLYNOMREK(INPUT,OUTPUT);

 CONST N=3;
 TYPE KOEFF=ARRAY(.0..N.)OF REAL;
 VAR AO:KOEFF;XO:REAL;I:INTEGER;

 FUNCTION POL(UPB:INTEGER;VAR A:KOEFF;X:REAL):REAL;
 BEGIN
  IF UPB=0 THEN POL:=A(.0.)
           ELSE POL:=POL(UPB-1,A,X)*X+A(.UPB.)
 END;

BEGIN
 FOR I:=0 TO N DO READ(AO(.I.));READ(XO);
 WRITELN(POL(N,AO,XO):15:7)
END.
```

Eingabe	Ausgabe
1.0 1.1 1.2 1.3 2.0	16.1000000

Um Speicherduplizierung beim Feld AO der Koeffizienten zu vermeiden, wird formal VAR A:KOEFF vereinbart.

Das reelle Polynom wird nicht in der Form
A(.0.)*X*X*X+A(.1.)*X*X+A(.2.)*X+A(.3.) (6 Multiplikationen)
sondern in der Form
((A(.0.)*X+A(.1.))*X+A(.2.))*X+A(.3.) (3 Multiplikationen)
berechnet
(Horner ca 1830, vorher China 13. Jh genannt "KIAN YUAN").

A und X können als "globale" Größen eingeführt werden, indem man sie in der Parameterliste streicht und AO, XO in A, X umbenennt. Außerdem könnte die Prozedur POL auch repetiv mit Hilfe einer FOR - Scleife (und einer Hilfsvariablen für die Zwischensumme) programmiert werden. Bei kleinen oberen Indexgrenzen UPB (upper bound) würden beide Fassungen etwa gleiche Laufzeiten ergeben. In dieser rekursiven Fassung ist aber das " Horner'sche Schema" besser erkennbar.

Um größere Speicherduplizierungen zu vermeiden, gilt in PASCAL die Sonderregel, daß FILE Parameter (Dateien 7) nur per Variable aufgerufen werden dürfen.

6.1.1.3 Aufruf per Prozedurname

Ein Parameteraufruf per Prozedurname (englisch parameter call by subroutine oder mißverständlich by function or procedure) bedeutet (ähnlich wie bei Parameteraufruf per Variable) zugriff des als formaler Parameter vereinbarten Prozedurnamens auf dasselbe interne Objekt (subroutine) wie der als aktueller Parameter aufgerufene Prozedurname. Dieses interne Objekt, hier selbst eine Prozedur (subroutine), war bereits bei Vereinbarung des als aktueller Parameter aufgerufenen Prozedurnamens erzeugt worden.

Anders als bei Variablen gibt es zum Aufruf per Prozedurname keine Alternative die dem " Wertaufruf" entsprechen würde, da in PASCAL (wie in anderen höheren Programmiersprachen) grundsätzlich niemals als Prozeduren vereinbarte Programmteile umkopiert werden ("copy rule" gibt es nicht, 6.1), sondern im Sinne speichersparender Unterprogramm- Technik ("subroutine call", 6.1) nur das jeweilige Prozedur- Ansprungziel weitergereicht wird.

```
PROGRAM SUMMEUEBERFVONI(INPUT,OUTPUT);

 (*SUMME UEBER VORGEBBARE FUNKTION F(I) VON I=M BIS I=N*)

 VAR N:INTEGER;

 FUNCTION F(I:INTEGER):REAL;
 BEGIN F:=8/((4*I+1)*(4*I+3)) END;

 FUNCTION SUM(M,N:INTEGER;FUNCTION F:REAL):REAL;
  VAR S:REAL;I:INTEGER;
 BEGIN S:=0;FOR I:=M TO N DO S:=S+F(I);SUM:=S END;

BEGIN READ(N);WRITELN(SUM(0,N,F):15:7) END.
```

Eingabe	Ausgabe
50	3.1317890

Leibniz'sche Reihe PI=8*(1/1*3 +1/5*7 +1/9*11 +1/13*15 +...)

Um eine beliebige Formel F(I) in die Routine SUM einbringen zu können, wird formal ein Prozedurname vereinbart und aktuell ein bereits vereinbarter Prozedurname aufgerufen.

Generell können die Namen zusammengehöriger formaler und aktueller Parameter verschieden sein (wie in allen vorangegangenen Beispielen), jedoch ist es auch zulässig, denselben Namen zu wählen, wie hier für N und auch für F.

Die Summe SUM liefert bei gleicher Gliederzahl n=50 ein sehr viel schlechteres Ergebnis für PI als der Kettenbruch FRAC in 6.1.1.1, da die Summe nicht "alterniert" wie der Kettenbruch und ein Restglied Rest(n) nicht abgeschätzt wurde.

Um geschachtelte Prozeduraufrufe bereits zur Übersetzungszeit erfaßbar zu machen, gilt in PASCAL die restriktive Sonderregelung, daß Prozeduren, die per Prozedurname als Parameter in einer anderen (oder rekursiv in der gleichen) Prozedur aufgerufen werden, selbst nur Wertaufruf- Parameter haben dürfen.

6.1.1.4 FORWARD - Prozedurvereinbarungen

Um wechselseitige Aufrufe von Prozeduren einfacher übersetzen zu können, gilt in PASCAL die Sonderregelung, daß für Prozeduraufrufe, die im Programm in einer anderen Prozedurvereinbarung vor ihrer zugehörigen Prozedurvereinbarung stehen, vorher eine FORWARD- Prozedurvereinbarung erforderlich ist von der Form (nicht im Syntaxdiagramm A1.5 erfaßt)

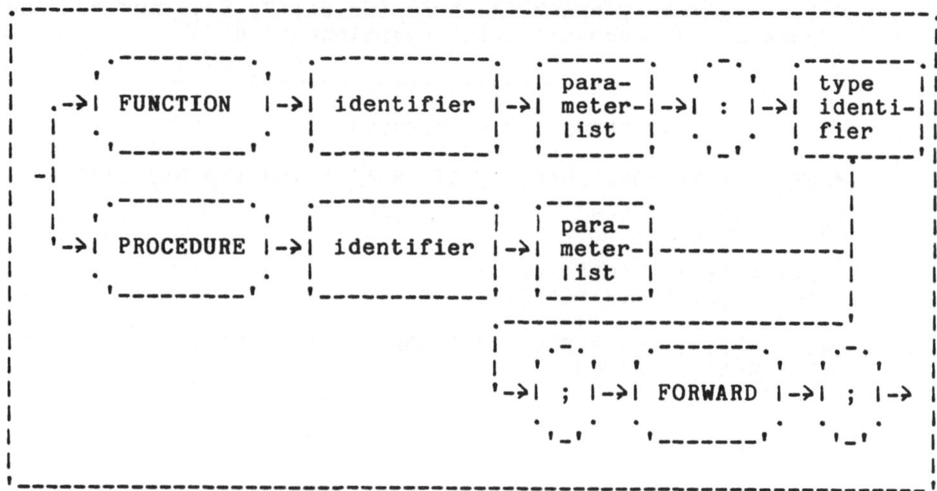

und daß sich dann die zugehörige Prozedurvereinbarung ohne parameter list und (bei Funktionen) ohne type identifier verkürzt auf die Form (nicht im Syntaxdiagramm A1.5 erfaßt)

```
.------------------------------------------------------------.
|                                                            |
|    .---------.                                             |
|   '           '                                            |
|  .->| FUNCTION  |-.                                        |
|  |  .           . |  .------------.   .-.   .------.   .-. |
|  |   '---------'  |  |            |  '   '  |      |  '   '|
| -|                |->| identifier |->| ; |->| block |->| ; |->
|  |   .---------.  |  |            |  .   .  |      |  .   .|
|  |  '           ' |  '------------'   '-'   '------'   '-' |
|  '->| PROCEDURE |-'                                        |
|     .           .                                          |
|      '---------'                                           |
|                                                            |
'------------------------------------------------------------'.
```

```
PROGRAM LORELEY(INPUT,OUTPUT);

 VAR C:CHAR;

 PROCEDURE ZEICH(Z:CHAR);FORWARD;

 PROCEDURE FRAGE(F:CHAR);
 BEGIN IF F= '?' THEN WRITE(F) ELSE ZEICH(F) END;

 PROCEDURE ZEICH;
 BEGIN IF Z<>'?' THEN WRITE(Z) ELSE FRAGE(Z) END;

BEGIN
 WHILE NOT EOF DO BEGIN READ(C);FRAGE(C);ZEICH(C) END;
 WRITELN
END.
```

Eingabe	Ausgabe
WAS SOLL ES?	WWAASS SSOOLLLL EESS??

6.1.2 Funktionen

Eine Funktion (englisch function) wird (vgl. 2, 2.5) nach Syntaxdiagramm A1.5 (für block) vereinbart in der Form

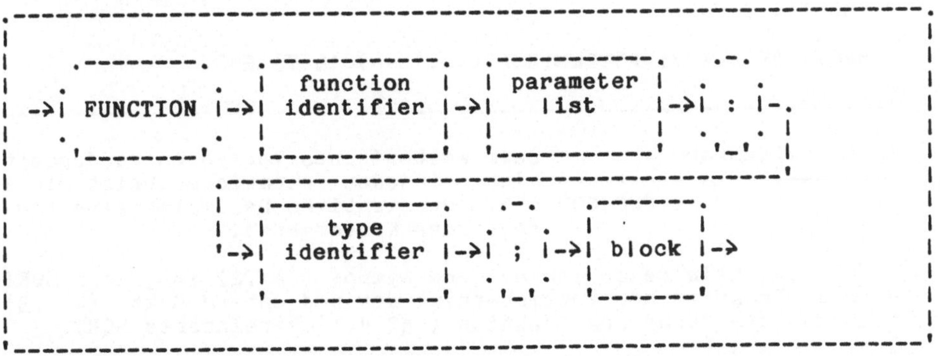

,

z. B. FUNCTION F(X:REAL):INTEGER;BEGIN F:=ROUND(X) END .

Funktions- Vereinbarungen unterscheiden sich von Routine- Vereinbarungen (6.1.3) durch die Vorbezeichnung FUNCTION, den nachgesetzten Doppelpunkt und den type identifier zur Typisierung des Funktions- Resultats, das (restriktive Sonderregel) nur vom

scalar oder subrange (4.1.1-2) oder pointer type (5.1)

sein darf, z. B. (siehe oben) INTEGER, sowie durch die Sonderregel für assignment statements (3.2.1, A1.5)

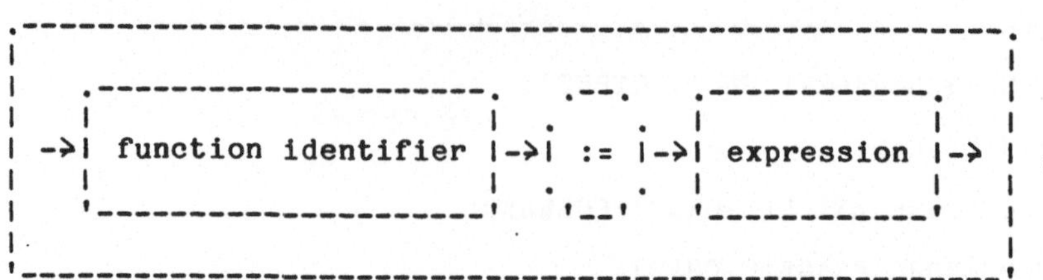

z. B. (siehe oben) F:=ROUND(X), wodurch dem function identifier innerhalb des block der Funktionsvereinbarung per assignment statement ein Funktionswert (auch ggf. mehrfach) zugewiesen wird. Man beachte, daß der function identifier nur links in derartigen assignment statements stehen darf, rechts würde der function identifier (ohne Parameterliste) als "fehlerhafter Aufruf der Funktion, da ohne Parameterliste", vom Compiler aufgefaßt werden.

```
PROGRAM WURZEL(INPUT,OUTPUT);

 (*WURZEL AUS X NACH NEWTON, DURCH ARITHMETISCHE MITTELUNG
   AUS A (ZU GROSS BZW.KLEIN) UND X/A (ZU KLEIN BZW.GROSS)*)

 VAR XO:REAL;

 FUNCTION SQRT(X,EPS:REAL):REAL;
  VAR A1,A2:REAL;
 BEGIN A2:=X;
  REPEAT A1:=A2;A2:=(A1+X/A1)/2 UNTIL ABS(A1-A2)<EPS;
 SQRT:=A2 END;

BEGIN READ(XO);WRITELN(SQRT(XO,1E-6):15:7) END.
```

Eingabe	Ausgabe
9	3.0000000

Beim Newton'schen Verfahren verdoppelt sich bei jedem Iterationsschritt die Anzahl der richtigen Dezimalstellen (quadratische Konvergenz).

Da SQRT kein reserviertes word symbol (A1.2) ist, kann SQRT hier im Programm neu vereinbart werden und unterdrückt (6.2.3) dann das als Standard- Funktion (A2.4.1) vereinbarte SQRT.

6.1.3 Standard- Funktionen

Siehe A2.4.

6.1.4 Routinen

Eine Routine (englisch routine, mißverständlich procedure) wird (vgl. 2,2.5) nach Syntaxdiagramm A1.5 (für block) vereinbart in der Form

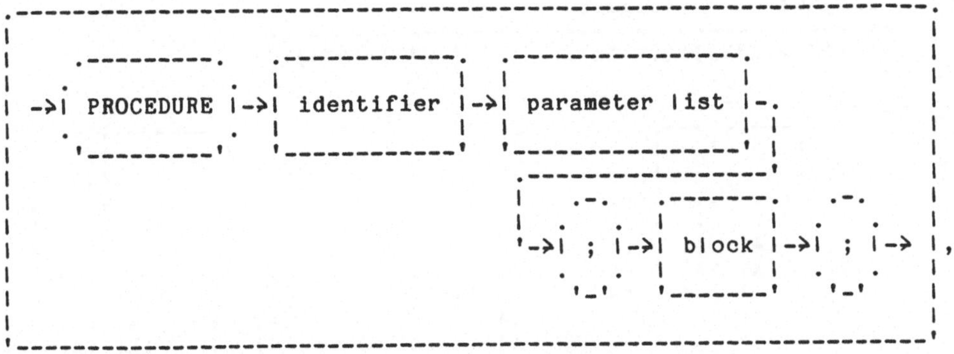

```
.-------------------------------------------------------------------.
|                                                                   |
|    .---------.    .------------.    .-----------------.           |
|   .           .   |            |    |                 |           |
| ->| PROCEDURE |->| identifier |->| parameter list |-.            |
|   .           .   |            |    |                 | |         |
|    '---------'    '------------'    '-----------------' |         |
|                                    .-------------------'           |
|                                    |   .-.   .-------.   .-.       |
|                                    |  .   .  |       |  .   .      |
|                                    '->| ; |->| block |->| ; |-> |,  
|                                       .   .  |       |  .   .      |
|                                        '-'   '-------'   '-'       |
|                                                                   |
'-------------------------------------------------------------------'
```

z. B. PROCEDURE P(X:REAL);BEGIN WRITE(ROUND(X)) END;

Wir machen besonders darauf aufmerksam, daß in PASCAL (anders als in ALGOL 60/68 und SIMULA) in der Prozedurvereinbarung, d.h. sowohl in der Funktionsvereinbarung (6.1.2) als auch in der Routinevereinbarung (siehe oben) stets ein "block" u.a. mit BEGIN und END steht, auch wenn darin nur ein statement vorkommt. Damit sind in PASCAL Prozeduren ähnlich aufgebaut wie Programme.

```
PROGRAM DIFFERENTIATION(INPUT,OUTPUT);

 TYPE BAUM=RECORD KNOT:CHAR;L,R:↑BAUM END;REFBAUM=↑BAUM;

 FUNCTION INBAUM:REFBAUM;VAR C:CHAR;B:REFBAUM;
 BEGIN NEW(B);WITH B↑ DO
  BEGIN READ(KNOT);IF KNOT='(' THEN
   BEGIN L:=INBAUM;READ(KNOT);R:=INBAUM;READ(C) END END;
 INBAUM:=B END;

 FUNCTION DIFF(B:REFBAUM):REFBAUM;VAR DIFFB:REFBAUM;
 BEGIN NEW(DIFFB);WITH DIFFB↑ DO
  IF B↑.KNOT IN (.'+','*','X'.) THEN CASE B↑.KNOT OF
   '+':BEGIN KNOT:='+';L:=DIFF(B↑.L);R:=DIFF(B↑.R) END;
   '*':BEGIN KNOT:='+';NEW(L);NEW(R );
    WITH L↑ DO BEGIN KNOT:='*';L:=DIFF(B↑.L);R:=B↑.R END;
    WITH R↑ DO BEGIN KNOT:='*';R:=DIFF(B↑.R);L:=B↑.L END END;
   'X':KNOT:='1' END
  ELSE KNOT:='0';
 DIFF:=DIFFB END;

 PROCEDURE OUTBAUM(B:REFBAUM);
 BEGIN WITH B↑ DO
  IF KNOT IN (.'+','*'.) THEN BEGIN
   WRITE('(');OUTBAUM(L);WRITE(KNOT);OUTBAUM(R);WRITE(')')
  END ELSE WRITE(KNOT) END;

BEGIN OUTBAUM(DIFF(INBAUM));WRITELN END.
```

```
|Eingabe      |Ausgabe
+-------------+----------------------------
|((X*X)+(A*X))|(((1*X)+(X*1))+((0*X)+(A*1)))
```

```
          .-.                                             .-.
    .----|+|----.                          .---------|+|---------.
    |     '-'    |                          |          '-'          |
   .⊥.          .⊥.                        .⊥.                     .⊥.
 .-|*|-.      .-|*|-.               .----|+|----.            .----|+|----.
 |  '-'  |     |  '-'  |             |     '-'     |           |     '-'     |
.⊥.    .⊥.  .⊥.    .⊥.             .⊥.          .⊥.          .⊥.          .⊥.
|X|    |X|  |A|    |X|          .-|*|-.      .-|*|-.      .-|*|-.      .-|*|-.
'-'    '-'  '-'    '-'          |  '-'  |     |  '-'  |     |  '-'  |     |  '-'  |
                               .⊥.    .⊥.  .⊥.    .⊥.  .⊥.    .⊥.  .⊥.    .⊥.
                               |1|    |X|  |X|    |1|  |0|    |X|  |A|    |1|
                               '-'    '-'  '-'    '-'  '-'    '-'  '-'    '-'
```

Die resultierende Formel kann noch wie folgt simplifiziert werden:

```
PROGRAM SIMPDIFF(INPUT,OUTPUT);

 TYPE BAUM=                         ...wie oben...;
 FUNCTION INBAUM:                   ...wie oben...;
 FUNCTION DIFF(B:REFBAUM):          ...wie oben...;

 FUNCTION SIMP(B:REFBAUM):REFBAUM;VAR OK:BOOLEAN;
  FUNCTION S(B:REFBAUM;K:BOOLEAN):REFBAUM;
  BEGIN OK:=K;WITH B↑ DO
   IF KNOT IN (.'+','*'.) THEN CASE KNOT OF
    '+':BEGIN
     IF L↑.KNOT='0' THEN B:=S(R,FALSE) ELSE
     IF R↑.KNOT='0' THEN B:=S(L,FALSE) ELSE
     BEGIN L:=S(L,OK);R:=S(R,OK) END END;
    '*':BEGIN
     IF (L↑.KNOT='0') OR (R↑.KNOT='1') THEN B:=S(L,FALSE) ELSE
     IF (R↑.KNOT='0') OR (L↑.KNOT='1') THEN B:=S(R,FALSE) ELSE
     BEGIN L:=S(L,OK);R:=S(R,OK) END END END;
  S:=B END;
 BEGIN OK:=FALSE;WHILE NOT OK DO B:=S(B,TRUE);SIMP:=B END;

 PROCEDURE OUTBAUM(B:REFBAUM);...wie oben...;

BEGIN OUTBAUM(SIMP(DIFF(INBAUM)));WRITELN END.
```

```
|Eingabe      |Ausgabe
+-------------+---------
|((X*X)+(A*X))|((X+X)+A)
```

6.1.5 Standard - Routinen

siehe A2.5

6.2 Bereichsschachtelung

Wie schon am Anfang dieses Kapitels 6 erwähnt, gibt es in PASCAL Bereichsschachtelungen nur bei Schachtelung von Prozeduren, nicht aber (wie in ALGOL 60/68 und in SIMULA) bei Schachtelung von BEGIN...END - Programmteilen. Letztere können in PASCAL keine Vereinbarungen enthalten.

6.2.1 Vereinbarungsbereich

Ein Programm (englisch program, siehe 2, A1.5) wird gedeutet als eine Schachtelung (englisch nesting)

- ineinander enthaltener
  bzw.

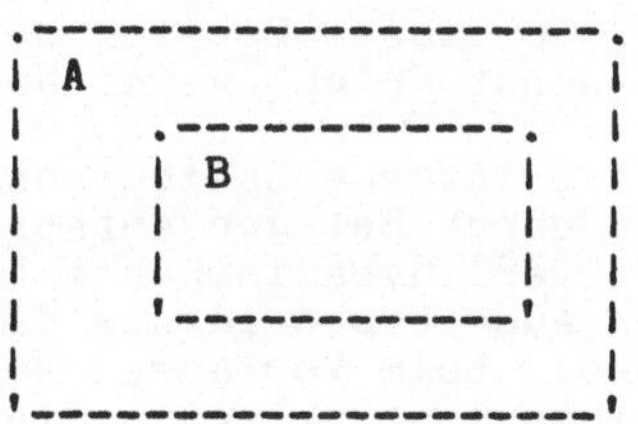

A ist B (echt) übergeordnet
B ist A (echt) untergeordnet

- nicht ineinander enthaltener

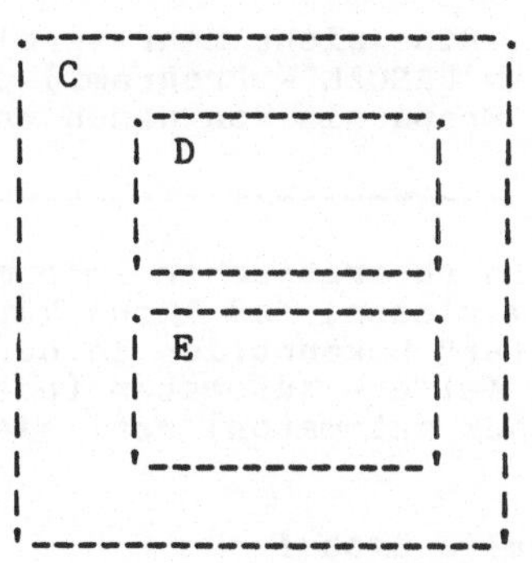

D ist E parallelgeordnet

Bereiche. Die Schachtelungstiefe jedes Bereichs (englisch level of nesting) ist eindeutig angebbar, z. B. haben A, C die Tiefe 0 und B, D, E die Tiefe 1.

Ein Bereich, synonym " Vereinbarungsbereich" (englisch scope), ist

- der block des Programms (2, A1.5) bzw.

- der block einer im Programm direkt oder in anderen Prozeduren geschachtelt vereinbarten Prozedur (6, 6.1, 6.1.2, 6.1.4) zuzüglich ihrer Parameterliste (6.1.1).

- Außerdem siehe Besonderheiten bei RECORD - Vereinbarungen (5.2.1).

Man beachte, daß ein block (A1.5) in PASCAL (anders als in ALGOL 60/68 und SIMULA), Vereinbarungen vor seinem BEGIN...END - Programmteil auflistet. Im block können Ziele (LABEL 2.1), Konstanten (CONST 2.2), Typen (TYPE 2.3), Variablen (VAR 2.4) oder Prozeduren (FUNCTION 6.1.2, PROCEDURE 6.1.4) vereinbart sein.

Der "innerste" Bereich, d.h. der Bereich mit der größten Schachtelungstiefe, der die Vereinbarung einer " Bereichs- Größe" enthält, ist dieser Größe als ihr Vereinbarungsbereich zugeordnet. In diesem Bereich heißt (und ist) die Größe "vereinbart" und sonst "nicht vereinbart".

Die interne Speicherung von Bereichs- Größen erfolgt zur Laufzeit durch Belegen entsprechender Speicher (i.a. konsekutiv nacheinander) dynamisch bei der Vereinbarung der Größe und durch Ein/ Aus- Lesen in/aus diese Speicher dynamisch beim Aufruf der Größe. Beim Verlassen des Vereinbarungsbereichs wird die gesamte Speicherzone aller in diesem Vereinbarungsbereich vereinbarten Größen gelöscht (d.h. wieder freigegeben).

> Eine nicht mehr vereinbarte Größe verliert ihren Namen (im PASCAL - Programm) und ihren (internen) Wert (Ersparnis von Namen und Speicher).

In theoretischer Informatik vorgebildete Leser seien darauf hingewiesen, daß "konsekutive Kellerung mit Zugriff im ganzen Keller" bekanntlich in der Automatentheorie durch Verallgemeinerung von Keller- Automaten (push down automaton) zu Stapel- Automaten (stack automaton) realisiert wird.

6.2.2 Lokal-/ Global

Ein Lokalbereich (englisch reach in ALGOL 68) entsteht aus einem Bereich durch Ausschluß aller ihm echt untergeordneten Bereiche.

Mit dem Vereinbarungsbereich (6.2.1) ist einer Größe demnach auch ein Lokalbereich zugeordnet. In diesem Lokalbereich heißt die Größe "lokal".

In einem Lokalbereich dürfen nicht zwei verschiedene Größen gleichen Namens lokal sein, z. B. (inkorrekt)

```
PROGRAM INKORREKT(OUTPUT); CONST X=3.14; VAR X ...
```

> Außerhalb des Lokalbereichs einer Größe dürfen andere Größen gleichen Namens vereinbart werden (Ersparnis von Namen).

z. B.
```
PROGRAM KORREKT(OUTPUT); CONST X=3.14;
                         PROCEDURE P(X:REAL)...
```

Ein " Globalbereich" ist das Komplement eines Lokalbereichs bezüglich des Bereichs, aus dem der Lokalbereich entstanden ist. Eine vereinbarte, nicht lokale Größe heißt "global", z. B.

```
PROGRAM AUSSEN(OUTPUT); VAR X:REAL;               <- X lokal
 PROCEDURE INNEN; BEGIN WRITELN(X) END;           <- X global
BEGIN X:=3.14; INNEN END.                         <- X lokal
```

6.2.3 Aufrufbar/ Unterdrückt

Der Aufrufbarkeitsbereich (englisch nicht bennant) einer Größe entsteht aus ihrem Vereinbarungsbereich durch Ausschluß aller derjenigen echt untergeordneten Bereiche, die Vereinbarungsbereich einer anderen Größe gleichen Namens sind.

In diesem Aufrufbarkeitsbereich heißt (und ist) die Größe "aufrufbar".

Der " Unterdrückungsbereich" einer Größe ist das Komplement ihres Aufrufbarkeitsbereichs bezüglich ihres Vereinbarungsbereichs. Eine vereinbarte, nicht aufrufbare Größe heißt (und ist) "unterdrückt", d.h. ihr Name ist im Unterdrückungsbereich nicht zugänglich. Statt dessen ist der gleichlautende Name der sie unterdrückenden Größe zugänglich. Ihr (interner) Wert bleibt im Unterdrückungsbereich erhalten und steht wieder zugriffsbereit zur Verfügung, wenn der dynamische Fluß des Programms den Unterdrückungsbereich verläßt und wieder in den Aufrufbarkeitsbereich gelangt.

Im nachfolgendem Beispiel sind V = Vereinbarungs-, A = Aufrufbarkeits- und U = Unterdrückungsbereich der BUNDESLIGA - Größe 'SEPP' MEIER kenntlich gemacht, die innerhalb der LANDESLIGA durch die gleichnamige Größe 'HEIN' MEIER unterdrückt wird.

```
.----------------------------------------------------.
I                                                    I      V  A  U
I  PROGRAM BUNDESLIGA(OUTPUT);                       I
I                                                    I
I   VAR MEIER: PACKED ARRAY(.1..4.)OF CHAR;          I      I  I
I                                                    I      I  I
I   PROCEDURE LANDESLIGA;                            I      I  I
I    VAR MEIER: PACKED ARRAY(.1..4.)OF CHAR;         I      I     I
I   BEGIN                                            I      I     I
I    MEIER:='HEIN';                                  I      I     I
I    WRITELN(MEIER)                                  I      I     I
I   END;                                             I      I     I
I                                                    I      I     I
I  BEGIN                                             I      I  I
I   MEIER:='SEPP';                                   I      I  I
I   LANDESLIGA;                                      I      I  I
I   WRITELN(MEIER)                                   I      I  I
I  END.                                              I      I  I
I                                                    I
'----------------------------------------------------'
```

```
IAusgabe
+-------
IHEIN
ISEPP
```

> Eine (vorübergehend) unterdrückte Größe behält ihren (bisherigen internen) Wert (Speicher bleibt reserviert).

Eine unterdrückte Größe ist stets global, aber nicht jede globale Größe ist unterdrückt, vgl. Beispiel AUSSEN in 6.2.2.

6.2.4 Unzulässige Sprünge

Da Ziel- Vereinbarungen (LABEL 2.1) in PASCAL genau wie z. B. Variablen- Vereinbarungen für den ganzen Vereinbarungsbereich einschließlich aller darin enthaltenen Prozeduren und konditionalen- bzw. repetiven Anweisungen Gültigkeit haben, besteht die Gefahr, daß der Programmierer Sprünge in Prozeduren oder konditionale- bzw. repetive Anweisungen auszuführen versucht. Der Compiler wird keine Syntax- Fehlermeldungen geben.

Derartige Sprünge werden aber i.a. zu unkontrollierbaren (not defined) Laufzeit- Fehlern führen, da die Abarbeitung der Prozeduren oder konditionalen- bzw. repetiven Anweisungen nicht korrekt vorbereitet werden kann. Z. B. können ohne korrekten Prozeduraufruf keine Parameter übergeben und und kein Rücksprungziel vorgemerkt werden, und es können ohne korrekte Ansteuerung von konditionalen- und repetiven Anweisungen keine Bedingungen überprüft und keine Laufvariablen weitergezählt werden.

```
.------------------------------------------------------------------.
|                                                                  |
|   Sprünge  ( Zielaufrufe 3.2.6) in Prozeduren oder               |
| konditionale- bzw. repetive Anweisungen sind unzulässig.         |
|                                                                  |
'------------------------------------------------------------------'
```

```
PROGRAM INKORREKT(OUTPUT);

 LABEL 1,2,3;
 VAR I: INTEGER;

 PROCEDURE P; BEGIN 1:WRITELN(1) END;

BEGIN
 GOTO 1;
 GOTO 2; IF I=1 THEN 2:WRITELN(2);
 GOTO 3; FOR I:=1 TO 0 DO 3:WRITELN(3)
END.
```

6.2.5 Bereichsfreie Größen

Die mit NEW erzeugten internen Objekte (5.1) sind bereichsfreie Größen (englisch dynamic variables), d.h. sie sind nach ihrer dynamischen Erzeugung im ganzen Programm vereinbart und aufrufbar. Sie sind innerhalb des Programms "unsterblich" in dem Sinne, daß ihr Speicher nicht bei Verlassen des ggf. inneren blocks, in dem ihre Erzeugung mit NEW dynamisch erfolgte, gelöscht wird. Allerdings haben mit NEW erzeugte Objekte keinen direkten Namen im PASCAL - Programm, sondern sind nur über pointer type Variable (5.1) aufrufbar, die ihrerseits Bereichs- Größen und damit "sterblich" sind.

Ohne bereichsfreie Größen wäre strukturiertes Programmieren von Verweis- Strukturen unmöglich. Es könnten z. B. zum Erzeugen von neuen Knoten in Bäumen keine Prozeduren verwendet werden, da die mit NEW in der Prozedur erzeugten Größen nach Verlassen der Prozedur wieder gelöscht wären.

Es entsteht eine "lebende Leiche", wenn die ehemals auf ein namenloses "unsterbliches" NEW - Objekt verweisenden pointer type Variablen sämtlich nach Verlassen ihrer Vereinbarungsbereiche gelöscht sind. Der Programmierer sollte das Entstehen von derartigem " Speicher- Müll" möglichst vermeiden, z. B. durch " Speicher-Wiederverwendung" (englisch recycling) d.h. durch rechtzeitiges Verweisen an andere pointer type Variable oder durch DISPOSE (A2.5.1).

Allgemein sollte aber " Speicher- Wiederverwendung" keine Aufgabe für den Programmierer sein, da derartige " Programmiertricks" nicht unbedingt dem "strukturierten Programmieren" dienlich sind, sondern ein guter Compiler sollte selbsttätig von Zeit zu Zeit " Speicherbereinigung" (englisch garbage collection) durchführen.

Dazu benutzt er für die mit NEW erzeugten Objekte passive Verweis- Zähler, die auf " Null" abgeprüft werden und aktualisiert laufend seine Freispeicherliste durch Wiederfreigabe der betreffenden Speicherplätze.

In Informatik vorgebildete Leser seien darauf hingewiesen, daß " Freispeicherverwaltung" mit RECORD - Ring- Strukturen realisiert wird. Jeder Knoten im Ring zeigt auf seinen Vorgänger und seinen Nachfolger und enthält Angaben über Anfangsadresse und Länge des betreffenden zusammenhängenden Freispeicher- Bereichs. Ferner gibt es Prozeduren zum Einfügen, Löschen oder Verschmelzen der Freispeicher- Bereiche. Diese Technik wird auch " Haldentechnik" (englisch heap) genannt, entsprechend dem physikalischen Modell der Entnahme einer Menge von Sand aus einer Sand- Halde. Nach der Entnahme fließt die Halde wieder lückenlos zu einer neuen Halde zusammen.

6.3	Testfragen (mit Nummernhinweisen)	Antworten
6.1	Wie findet das Programm nach einem Prozeduraufruf, d.h. einem Ansprung des Prozedur- Unterprogramms, zurück an die richtige Aufruf- Stelle (da es mehrere geben kann)?	vor dem Ansprung wird u.a. die Rücksprung-" Adresse" dem Unterprogramm mitgeteilt.
6.1	Was würde im Programm GOREK ausgedruckt, wenn 0815: nicht vor dem END von GO sondern vor dem END von GOREK stünde ?	nichts
6.1.1	Durch welche Vorbezeichnungen können bei formalen Parametern die verschiedenen Arten der Parameterübergabe voreingestellt werden ?	"leer" bzw. VAR bzw. FUNCTION/PROCEDURE
6.1.1.1	Schreibe eine rekursive Prozedur FRAC für das Programm KETTENBRUCH	IF M<N THEN FRAC:= 1+M*(M+1)/FRAC(M+1) ELSE FRAC:=1+M*(M+1)/ SQRT(1+(N+1)*(N+2))
6.1.1.1	Ersetze in EUKLIDREK die "mehrmalige Subtraktion M-N" durch "einmalige Division M MOD N".	IF N=0 THEN GGT:=M ELSE GGT:= GGT(N,M MOD N)
6.1.1.2	Entspricht "call by variable" in PASCAL dem "call by name" in ALGOL 60 ?	nein
6.1.1.2	Schreibe eine rekursive Prozedur FUNCTION IDENTIFIER(LWB:INTEGER, VAR S:STRING):BOOLEAN;... zur Entscheidung, ob ein string (bitte speziell definieren wie in 4.2.2) ein identifier (0.3.2) ist oder nicht. (Akzeptor, Bestandteil eines Übersetzers)	mit wachsendem lower index bound LWB und mit Hilfsprozeduren LETTER, DIGIT
6.1.1.3	Schreibe eine rekursive Prozedur SUM für das Programm SUMMEUEBERFVONI	IF M=N THEN SUM:=F(M) ELSE SUM:= SUM(M,N-1,F)+F(N) vgl. PRUEFMAGISCH (4.2.1)
6.1.1.4	Ist für rekursiven Aufruf einer Prozedur (in sich selbst) eine FORWARD- Prozedurvereinbarung erforderlich ?	nein

6.1.2	Kann man in der Funktion SQRT des Programms WURZEL die Hilfsvariable A2 einsparen durch Ersetzen durch die Ergebnisvariable SQRT ?	nein, SQRT darf nicht rechts von := stehen
6.1.2	Kann in PASCAL der Funktionswert vom pointer type sein ?	ja, siehe z. B. DIFF in DIFFERENTIATION (4.1.4)
6.1.2	Können Funktionen neben ihrem Funktionswert auch Routine- Effekte haben wie z. B. NEW - Erzeugung von Hilfsgrößen oder Sprünge zu Fehlerausgängen ?	ja (4.1.4), ja
6.1.4	Wie heißt der Vorbezeichner, der eine Prozedur als " Routine" vereinbart ?	PROCEDURE (leider)
6.2.1-3	Bestimme Vereinbarungsbereich und Aufrufbarkeitsbereich von CONST X, CONST Y und VAR X:	

```
                                 V A  V A  V A
PROGRAM P(OUTPUT);
 CONST X=3.14;                   | |
 PROCEDURE P1;                   | |
  CONST Y=X;                     | |  | |
  PROCEDURE P11;                 | |  | |
   VAR X:REAL;                   | |  | |  | |
  BEGIN X:=Y; WRITELN(X) END;    | |  | |  | |
 BEGIN P11 END;                  | |  | |
BEGIN P1 END.                    | |
```

6.2.1-3	Was kann eine vereinbarte Größe zugleich sein ?	
	lokal und aufrufbar ?	ja
	lokal und unterdrückt ?	nein
	global und aufrufbar ?	ja
	global und unterdrückt ?	ja
6.2.1	Sind FILEs (7) wie andere Bereichs-Größen durch stack Automaten zu beschreiben ?	nein, sie haben flexibel expandierenden Speicher
6.2.2	Sind formale Parameter von Prozeduren lokal bezüglich des durch die Prozedur definierten Bereichs (ausschließlich aller echten Unterbereiche) ?	ja
6.2.3	Können Werte unterdrückter Größen verändert oder gar gelöscht werden ?	nein
6.2.4	Sind Sprünge aus Prozeduren oder konditionalen- bzw. repetiven Anweisungen zulässig ?	ja, z. B. Fehlerausgang
6.2.5	Sind FILEs (7) bereichsfreie Größen auf Grund ihrer flexibel wachsenden Länge und der Schwierigkeit, sie durch stack Automaten zu beschreiben ?	nein (obwohl dies anzuraten wäre)

7 DATEIEN (FILE)

Files (deutsch Dateien) sind wie Mengen (4.1), Felder (4.2) und RECORD - Strukturen (5.2) Objekte, die unter einem Namen eine Menge von Teilobjekten, die Datei- Elemente zusammenfassen.

Da Dateien den Feldern sehr ähnlich sind (in ALGOL 68 definiert als Felder mit flexibel expandierenden Indexgrenzen), geben wir zunächst eine Gegenüberstellung von Dateien und Feldern (siehe auch Gegenüberstellung in 5.2):

- Die Anzahl der Elemente eines Feldes ist statisch bereits bei der Vereinbarung des array type unveränderlich festgelegt, die Anzahl der Elemente einer Datei F wächst dynamisch von Null an beim Beschreiben des jeweils folgenden Dateielements mit PUT(F) und kann dynamisch mit REWRITE(F) auf Null zurückgesetzt werden.

- Ein Element eines Feldes ist unter einem extern dem Programmierer zugänglichen Index aufrufbar, ein Element einer Datei F hat einen internen, dem Programmierer unzugänglichen Index und kann nur durch wiederholtes Voranschieben eines " Fensters zur Sichtbarmachung eines einzelnen Elements der Datei F im Puffer F↑" um jeweils einen Element- Schritt mit GET(F) erreicht werden. Die Zurücksetzung des Fensters ist nur auf das erste Element mit RESET(F) möglich (und nicht wie in ALGOL 68 mit SET(F, INDEX) auf ein beliebig indizierbares Element). In PASCAL gibt es demnach nur "sequentiell zugreifbare Dateien" (physikalisch z. B. dem Magnetband- Zugriff entsprechend) und keine "beliebig zugreifbaren Dateien (RANDOM access)" (physikalisch z. B. dem Hauptspeicher- Zugriff entsprechend).

- Felder können nur "lokal" im Programm (bzw. in einer Prozedur) vereinbart werden, Dateien können auch "extern" außerhalb des Programms bereits vereinbart sein. Externe Dateien, die im Programm verwendet werden, müssen im Programmkopf (siehe 2) aufgelistet sein. Mit Ausnahme von INPUT/OUTPUT (7.4) müssen alle externen Dateien, die im Programm verwendet werden, außerdem im Programm noch einmal unter ihrem extern bereits festgelegten Namen und Typ wie "lokale" Dateien vereinbart werden.

7.1 Dateitypen

Ein file type (deutsch Dateityp) wird nach Syntax- Diagramm A1.3 (für type) eingeführt in der Form

```
.--------------.
|              |
| FILE of type |
|              |
'--------------'
```

und zwar entweder in Typ- Vereinbarungen (2.3), z. B.

```
TYPE ZAHLENKOLONNE=FILE OF REAL
```

oder in Variablen- Vereinbarungen (2.4), z. B.

```
VAR DUALZAHL:FILE OF BOOLEAN
```

Wie bereits am Anfang dieses Kapitels erläutert wurde, gibt es standardmäßig in PASCAL nur "sequentielle" Dateien (Erweiterungen siehe 8.3 ff), d.h. der Index eines Elementes der Datei F ist dem Programmierer nicht zugänglich und Positionierungen sind nur möglich sequentiell vom ersten Element an um jeweils einen Schritt nach vorn mit PUT(F), d.h. Beschreiben des jeweils im " Fenster" sichtbaren Elements mit dem Inhalt des Puffers F↑ und Vorschub auf das nächste Element, oder mit GET(F), d.h. Lesen des Inhalts des jeweils in " Fenster" sichtbaren Elements in den Puffer F↑ und Vorschub auf das nächste Element.

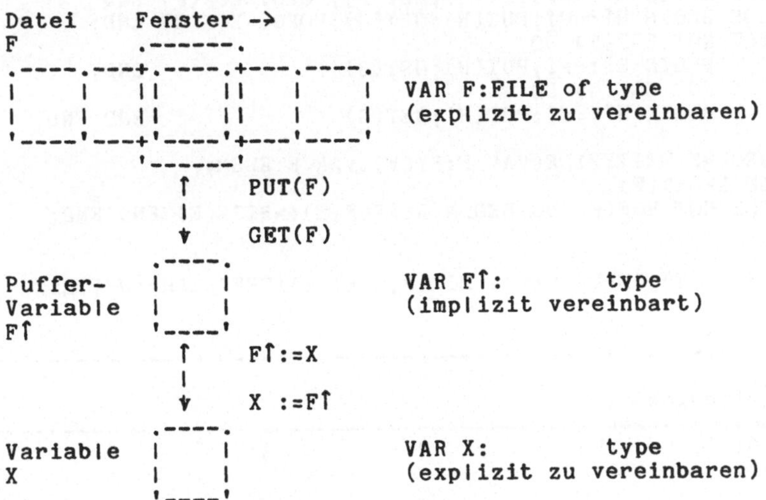

Die Anzahl der Elemente einer Datei F wächst dynamisch von Null an beim Beschreiben des jeweils folgenden Elements mit PUT(F) und kann jederzeit dynamisch mit REWRITE(F) auf Null zurückgesetzt werden. Ohne Löschen von Elementen kann man mit RESET(F) auf das erste Element zurückspringen.

Das Erreichen des Endes der Datei beim Lesen mit GET(F), d.h. Vorschub über das letzte lesbare Element hinaus, kann abgeprüft werden mit "end-of-file" EOF(F).

```
.--------------------------------------------------------------.
|                                                              |
| PROGRAM GEORDNETMISCHEN(INPUT,OUTPUT);                       |
|                                                              |
|  (*ZWEI GEORDNETE DATEIEN F,G WERDEN ZU                      |
|    EINER GEORDNETEN DATEI H ZUSAMMENGEMISCHT*)               |
|                                                              |
|  CONST EOFILE=0;TYPE ELEM=INTEGER;                           |
|  FYLE=FILE OF ELEM;VAR F,G,H:(*LOCAL*)FYLE;                  |
|                                                              |
|  PROCEDURE READFILE(VAR F:FYLE);VAR E:ELEM;                  |
|  BEGIN REWRITE(F);READ(E);                                   |
|   WHILE E<>EOFILE DO BEGIN WRITE(F,E);READ(E) END END;       |
|                                                              |
|  PROCEDURE MIX(VAR F,G,H:FYLE);VAR EOFG:BOOLEAN;             |
|  BEGIN RESET(F);RESET(G);REWRITE(H);                         |
|         EOFG:=EOF(F) OR EOF(G);                              |
|   WHILE NOT EOFG   DO IF F↑<G↑                               |
|    THEN BEGIN H↑:=F↑;PUT(H);GET(F);EOFG:=EOF(F) END          |
|    ELSE BEGIN H↑:=G↑;PUT(H);GET(G);EOFG:=EOF(G) END;         |
|   WHILE NOT EOF(F) DO                                        |
|         BEGIN H↑:=F↑;PUT(H);GET(F)            END;           |
|   WHILE NOT EOF(G) DO                                        |
|         BEGIN H↑:=G↑;PUT(H);GET(G)            END END;       |
|                                                              |
|  PROCEDURE WRITEFILE(VAR F:FYLE);VAR E:ELEM;                 |
|  BEGIN RESET(F);                                             |
|   WHILE NOT EOF(F) DO BEGIN READ(F,E);WRITE(E) END END;      |
|                                                              |
| BEGIN                                                        |
|  READFILE(F);READFILE(G);MIX(F,G,H);WRITEFILE(H);WRITELN     |
| END.                                                         |
|                                                              |
'--------------------------------------------------------------'
```

```
|Eingabe|Ausgabe
+-------+-----------------------------------------------------
|1 3 5 0|       1         2         3         4         5
|2 4 0  |
```

Im Prinzip sind alle Dateioperationen mit den vier elementaren Routinen PUT, GET, RESET, REWRITE und der Aussage EOF auszuführen. Diese Standard- Prozeduren sind im Anhang A2.4.2 und A2.5.3 aufgeführt.

Für alle Dateien (d.h. nicht notwendig TEXT Dateien 7.3) gelten außerdem die im Anhang A2.5.4/5 beschriebenen READ/WRITE-Konventionen zur Vermeidung des expliziten Gebrauchs der Puffervariablen F↑:

```
READ(F,X)   steht für  BEGIN X:=F↑;GET(F) END  und
WRITE(F,X)  steht für  BEGIN F↑:=X;PUT(F) END     .
```

Weitergehende READ/WRITE - Definitionen, wie z. B. variable Parameteranzahl, Formatierung oder WRITELN oder PAGE , gelten laut Anhang A2.5.4/5 nur speziell für TEXT - Dateien.

7.2 Externe Dateien

Externe Dateien sind separat vorher im Hintergrundspeicher eingerichtete (englisch created) und mit dem entsprechenden Datei-identifier im Programm verbundene (englisch linked) Dateien des Benutzers bzw. der Datei - Bibliothek des Rechenzentrums.

Die Vereinbarung einer externen Datei (englisch external file) erfordert im Unterschied zu der Vereinbarung einer normalen Datei (Variablenvereinbarung 2.4, Dateitypen 7.1) zusätzlich die Auflistung des vereinbarten variable identifiers der Datei in der Liste aller externen Dateien im Programmkopf (2, Syntaxschema A1.5).

In dieser Liste (nur dort) aller externen Dateien kann an den identifier der Datei noch ein "*" angehängt werden zur Erinnerung, daß die Datei nur gelesen, aber nicht beschrieben werden soll. Der Stern "*" hat jedoch nur Wirkung wie ein Kommentar (Erweiterung des comment 0.3.3) und schützt die Datei nicht wirklich vor Beschreiben.

```
PROGRAM EXTERNEDATEI(F*,G*,H,OUTPUT);

 TYPE ELEM=INTEGER;
 FYLE=FILE OF ELEM;VAR F,G,H:(*EXTERNAL*)FYLE;

 PROCEDURE MIX(VAR F,G,H:FYLE)  ; ... wie in 7.1 ... ;
 PROCEDURE WRITEFILE(VAR F:FYLE); ... wie in 7.1 ... ;

          (F,G,H);WRITEFILE(H);WRITELN END.
```

Ausgabe wie oben bei GEORDBETMISCHEN	Die externen Dateien F, G seien bereits eingerichtet, verbunden und mit READFILE beschrieben wie bei GEORDNETMISCHEN 7.1 . H soll hier neu eingerichtet, verbunden und mit MIX beschrieben werden.

Das Programm EXTERNEDATEI zeigt, daß die externen Dateien F, G, H im Programmkopf aufgelistet und überdies wie lokale Dateien unter gleichem Namen noch einmal vereinbart werden müssen.

Eine Ausnahme bilden die externen Dateien INPUT, OUTPUT (7.4, A2.6), die nur in der Liste aller externen Dateien im Programmkopf genannt werden müssen, aber nicht zugleich vom Programmierer noch einmal explizit vereinbart werden dürfen. Implizit sind sie vereinbart als (A2.6, TEXT siehe 7.3)

```
VAR INPUT,OUTPUT:TEXT                                         .
```

Die vorhandene Datei- Bibliothek im Magnetband- Archiv, Magnetplatten- Archiv oder sonstigem Hintergrundspeicher des Rechenzentrums und die Möglichkeiten zur Erweiterung dieser Datei-Bibliothek durch den Programmierer selbst, d.h. Einrichten und Verbinden von neuen externen Dateien mit Hilfe von Befehlen in der Kommandosprache (englisch job control language) sind von der jeweiligen Implementation und dem jeweiligen Betriebssystem abhängig.

7.3 TEXT

Der Dateityp TEXT ist nach Anhang A2.2 standardmäßig vereinbart als

TYPE TEXT=FILE OF CHAR .

Im Unterschied zu anderen Dateitypen gibt es nur für TEXT - Dateien eine Aufgliederung in Zeilen, für die dem Programmierer besondere Dateioperationen READLN(F), zum Vorschub auf das erste Element in der nächsten Zeile der TEXT Datei F, und WRITELN(F), zum Beenden der laufenden Zeile der TEXT Datei F, sowie die Aussage "end-of-line" EOLN(F), zum Abprüfen, ob beim Lesen der TEXT Datei F mit GET(F) das Ende der Zeile erreicht wurde, standardmäßig zur Verfügung stehen. Diese Standard- Prozeduren sind im Anhang A2.4.2 und A2.5.4/5 aufgelistet.

Der Compiler wird zur Verwirklichung der Zeilen- Gliederung von TEXT Dateien ein internes Kontroll- Zeichen für "end-of-line" (Zeilenende) verwenden, das jedoch in PASCAL kein echtes CHAR C Zeichen ist und auf das der Programmierer nicht direkt zugreifen kann. Insbesondere kann er dieses interne Kontrollzeichen nicht selbst mit F↑:=C explizit setzen (nur implizit mit WRITELN(F)) oder explizit mit C:=F↑ abfragen (nur implizit mit EOLN(F) oder READLN(F)).

```
PROGRAM ZEILENUMBRUCH(INPUT,OUTPUT);

 VAR C:CHAR;T:(*LOCAL*)TEXT;

 PROCEDURE READTEXT(VAR T:TEXT);VAR C:CHAR;
 BEGIN REWRITE(T);WHILE NOT EOF DO BEGIN READ(C);
  IF (C<>'+') AND (C<>'-') THEN WRITE(T,C) ELSE CASE C OF
             '+'         :    WRITELN(T)            ;
             '-'         :    READLN     END END END;

 PROCEDURE WRITETEXT(VAR T:TEXT);VAR C:CHAR;
 BEGIN RESET(T);WHILE NOT EOF(T) DO BEGIN
  REPEAT READ(T,C);WRITE(C) UNTIL EOLN(T);WRITELN END END;

BEGIN READTEXT(T);WRITETEXT(T) END.
```

```
|Eingabe            |Ausgabe
+-------------------+--------------------------------------
|EIN ALTCHRISTLICHES-|EIN ALTCHRISTLICHES MAGISCHES QUADRAT
| MAGISCHES QUADRAT+ |
|+S A T O R+A R E P -|S A T O R
|O+T E N E T+O P E R-|A R E P O
| A+R O T A S++HAT - |T E N E T
|DIE GLEICHEN BUCHST-|O P E R A
|ABEN WIE+EIN KREUZ -|R O T A S
|AUS "APATERNOSTERO" |
|                    |HAT DIE GLEICHEN BUCHSTABEN WIE
|                    |EIN KREUZ AUS "APATERNOSTERO"
```

Eine Besonderheit stellen die Standard TEXT Dateien INPUT, OUTPUT (7.4, A2.6) dar, die nicht notwendig in den Prozeduren READ, READLN, WRITE, WRITELN und EOF, EOLN als Parameter genannt zu werden brauchen, siehe Abkürzungen A2.4.2, A2.5.4/5.

Außerdem gibt es (nur) für TEXT Dateien F die im Anhang A2.5.3 beschriebene Standard- Routine PAGE(F) für (Zeilenrücklauf und) Seitenvorschub auf dem Drucker (Erweiterungen siehe 8.2 ff) sowie die im Anhang A2.5.4/5 beschriebenen weitergehenden READ/WRITE-Definitionen, wie z. B. variable Parameteranzahl, Formatierung oder Kombinationen von READ mit READLN und WRITE mit WRITELN .

7.4 Standard- Dateien INPUT, OUTPUT

Siehe A2.6

7.5 Testfragen (mit Nummernhinweisen)

	Testfragen (mit Nummernhinweisen)	Antworten
7.1	Ist die folgende Typvereinbarung korrekt? TYPE EXPLOSIV=FILE OF FILE OF CHAR	ja (aber z. B. im System CDC 6000-3.4 nicht implementiert)
7.1	Sind die folgenden Prozeduraufrufe für VAR X:REAL;F:FILE OF REAL korrekt ?	
	READ(F,X)	ja
	EOF(F)	ja
	WRITELN(F,X,X)	nein (kein TEXT)
	EOLN(F)	nein (kein TEXT)
7.2	Kann man externe Dateien auch beschreiben und daher ggf. "verlängern" ?	ja
7.2	Sind INPUT, OUTPUT externe Dateien ?	ja
7.3	Sind die folgenden Prozeduraufrufe für die TEXT Dateien INPUT, OUTPUT korrekt ?	
	WRITE(OUTPUT ,'OUTPUT')	ja
	WRITE('OUTPUT','OUTPUT')	ja
	REWRITE(INPUT)	nein
	RESET	nein
	PAGE(OUTPUT)	ja, falls Drucker
	PAGE	nein, aber als Erweiterung zu empfehlen
7.3	Sind TEXTe in PASCAL stets unterteilt in	
	Zeilen ?	ja
	Zeilen, Seiten, Bücher (wie in ALGOL 68) ?	nein
7.3	Schreibe ein Programm zum Zusammenmischen zweier geordneter TEXT Dateien zu einer geordneten TEXT Datei	siehe GEORDNETMISCHEN 7.1, z. B. DER und ABT gibt ABDERT

8 EINIGE ERWEITERUNGEN (NON- STANDARD)

Die in diesem Kapitel aufgeführten Erweiterungen des PASCAL Standards (Revised Report 75) sind nur für spezielle Rechner-Systeme implementiert.

Der Benutzer eines Standard- PASCAL Compilers muß im Einzelfall überprüfen, ob die Erweiterungen auch jeweils auf dem von ihm benutzten Rechner implementiert sind. Die Erweiterungen stellen wichtige Programmierhilfen dar, können aber den freien Programmaustausch erschweren.

8.1 Externe Prozedurvereinbarungen

Auf Rechnern der Firma Control Data Corporation sind im System PASCAL 6000-3.4 externe Prozedurvereinbarungen implementiert, die dem Anschluß von separat vorübersetzten Prozeduren dienen.

Eine externe Prozedurvereinbarung (englisch external procedure declaration) hat im Unterschied zu normalen Prozedurvereinbarungen (Funktionsvereinbarung 6.1.2, Routinevereinbarung 6.1.4) keinen block sondern enthält an dessen Stelle das reservierte Wortsymbol (Erweiterung der word symbols)

EXTERN ,

sofern die entsprechende vorübersetzte externe Prozedur in der Quellensprache PASCAL geschrieben ist.

Im Falle anderer Quellensprachen stehen andere reservierte Wortsymbole (Erweiterung der word symbols) an der Stelle des blocks

wie z. B. FORTRAN .

```
PROGRAM EXTERNEFUNKTION(INPUT,OUTPUT);

 VAR I:INTEGER;
 FUNCTION QUERSUMME(I:INTEGER):INTEGER;EXTERN;

BEGIN READ(I); WRITELN(QUERSUMME(I)) END.
```

Eingabe	Ausgabe
4711	13

Ausnahmen bilden die Standard- Prozeduren (Standard- Funktionen A2.4, Standard- Routinen A2.5), wie z. B. SQRT, bei deren Verwendung im Programm überhaupt keine Prozedurvereinbarung niedergeschrieben werden darf. Standard- Prozeduren sind global (6.2.2) und könnten daher im Programm durch lokale Größen mit gleichem identifier unterdrückt werden (6.2.3).

Die vorhandene external procedure library, die Möglichkeiten zur Erweiterungen dieser Bibliothek durch den Programmierer selbst und die Schreibweisen für die Wortsymbole der verschiedenen Quellensprachen (siehe oben FORTRAN) sind von der jeweiligen Implementation und vom jeweiligen Betriebssystem abhängig.

8.2 Drucker- Kontrollzeichen

Auf Rechnern der Firma Cotrol Data Corporation sind im System PASCAL 6000-3.4 standardmäßig Drucker- Kontrollzeichen definiert, die (nur) bei Ausgabe von TEXT Dateien (7.3) auf Drucker die Wirkungsweise von "end-of-line" (7.3), das normalerweise "carriage-return" (Zeilenrücklauf) und "line-feed" (Zeilenvorschub) bewirkt, wie folgt modifizieren:

```
'+'   : kein   "line-feed", d.h. nur "carriage-return"
                            (für Mehrfachdruck, Fettdruck etc)
blank : ein    "line-feed", d.h. normales "newline"

'0'   : zwei   "line-feed"  (für  2-zeiliges Drucken)

'1'   : soviel "line-feed", daß der Anfang der nächsten  Seite
                            erreicht wird (entspricht PAGE)
```

Diese Drucker- Kontrollzeichen sind normale CHAR Zeichen. Das erste Zeichen jeder Zeile einer TEXT Datei wird als Drucker- Kontrollzeichen interpretiert, jedoch nur, wenn diese TEXT Datei über Drucker ausgegeben werden soll. Dann wird das Zeichen auch nicht selbst ausgedruckt.

8.3 Positionierbare Dateien

Auf Rechnern der Firma Control Data Corporation sind im System PASCAL 6000-3.4 zusätzlich zu den standardmäßig vorhandenen nur sequentiell zugreifbare Dateien vom Typ FILE (7) auch noch positionierbare Dateien vom Typ

SEGMENTED FILE

implementiert, die durch das reservierte Wortsymbol SEGMENTED (Erweiterung der word symbols) gekennzeichnet werden. Diese sind in Segmente aufgeteilt, die in CDC SCOPE Terminologie den "LOGICAL RECORD "s entsprechen. Der Zugriff auf die Segmente kann von der laufenden Position nach vorn (N>0) oder zurück (N<0) erfolgen mit Hilfe der Routinen GETSEG(X,N) und PUTSEG(X,N), die nachfolgend (8.4) beschrieben werden.

8.4 Zusätzliche Standard- Funktionen

Auf Rechnern der Firma Cotrol Data Corporation sind im System PASCAL 6000-3.4 zusätzlich zu den standardmäßig vorhandenen Funktionen (A2.4) noch folgende Funktionen implementiert:

CARD(X) equals the cardinality of the set X (i.e. the number of the elements contained in the set X),

CLOCK a function, without parameters, yielding an INTEGER value equal to the central processor time, expressed in milliseconds, already used by the job.

EXPO(X) yields the INTEGER valued exponent of the floating-point representation of the REAL value X; EXPO(X)=ENTIER(LOG2(ABS(X))).

UNDEFINED(X) a BOOLEAN function. Its value is TRUE when the REAL value X is "cut of range" or "indefinite", otherwise FALSE.

TRUNC(X,N) =TRUNC(X*Y), where N is an INTEGER expression, and Y=2**N.

EOS(X) returns the value TRUE when the SEGMENTED FILE X is positioned at the end of a segment, otherwise FALSE. GET(X) must not be called if either EOS(X) or EOF(F) is TRUE; EOF(X) always implies EOS(X).

8.5 Zusätzliche Standard- Routinen

Auf Rechnern der Firma Control Data Corporation sind im System PASCAL 6000-3.4 zusätzlich zu den standardmäßig vorhandenen Routinen (A2.4) noch folgende Routinen implementiert:

DATE(A) assigns the current date to the ALFA variable A.

TIME(A) assigns the current time to the ALFA variable A. The type ALFA is predefined by:

```
TYPE ALFA=PACKED ARRAY(.1..10.)OF CHAR;
```

Applicable on operands of the TYPE ALFA are assignment (:=) and comparison, where = and <> test equality and <, <=, >=, and > test order according to the underlying character set. ALFA values may be printed by the routine WRITE. It is not possible to read ALFA values directly.

LINELIMIT(F,X) F is a TEXT file and X is an INTEGER expression. The effect is to cause the program to be terminated, if more than X lines are asked to be written on file F.

HALT terminates the execution of the program and issues a post-mortem dump.

PUTSEG(X) must be called when the generation of a segment of the SEGMENTED FILE X has been completed.

GETSEG(X) is called in order to initiate the reading of the next segment of the SEGMENTED FILE X. It assigns to the buffer variable X↑ the first component of that next segment. If no next segment exists, EOF(X) becomes TRUE; if a next segment exists but is empty, then EOS(X) becomes TRUE and X↑ is undefined. Subsequent calls of GET(X) will either step on to the next component or, if it does not exist, cause EOS(X) to become TRUE.

GETSEG(X,N) initiates the reading of the Nth segment counting from the current position of the SEGMENTED FILE X. N>0 implies counting segments in the forward direction; N<0 means counting them backwards; and N=0 indicates the current segment. Note: GETSEG(X,1) is equivalent to GETSEG(X).

REWRITE(X,N) initiates the (re)writing of X at the beginning of the Nth segment counting from the current position.

Note: REWRITE(X,1) is not equivalent to REWRITE(X). The latter causes initiation of (re)writing at the very beginning of the entire SEGMENTED FILE X. The routines RESET and REWRITE have no effect if applied to the actual files INPUT and OUTPUT. Since files are organized for sequential (forward) processing, one should not expect GETSEG and REWRITE to be as efficient for N<=0 as they are for N>0.

READ, WRITE — This standard routines (A2.5.4/5) can also be applied to segmented textfiles.

8.6 Simulation quasiparalleler Prozesse

P. Brinch Hansen (72,75 ff) erweiterte die Sprache PASCAL zu CONCURRENT PASCAL, indem er das grundlegende co-operating- Konzept von E. W. Dijkstra (68,71) zur Synchronisierung quasiparallel ablaufender Prozesse sowie aus der Programmiersprache SIMULA speziell das PROCESS - Konzept und allgemein das CLASS - Konzept von O. J. Dahl, B. Myrhaug, K. Nyrgaard (70), eine Weiterentwicklung on b ock- Schachtelung, Prozeduren und Strukturen, übernahm und auf Rechnern der Firma Digital Equipment Corporation im System CONCURRENT PASCAL PDP 11/45 implementierte.

Quasiparallele Prozesse sind z. B.

- " Jobs in parallel shops", etwa ein Postamt mit mehreren Schaltern, eine Arztpraxis mit mehreren Doktoren, eine Autowaschanlage mit mehreren kompletten Wascheinheiten oder andere "parallel" arbeitende Arbeitsstationen für eine wartende Schlange von Individuen,

- " Epidemische Infektion", etwa Grippe, Gelbsucht, Cholera oder andere epidemische Infektionen von Individuen in verschiedenen Stadien der Krankheit,

- " Wettrennen", etwa Pferde- Hindernisrennen, Autorennen, Langstreckenlauf oder andere Wettbewerbe von Individuen, die eine Reihe von Hindernissen durchlaufen und sich dabei gegenseitig stören,

- " Job control", d.h. Steuerung und Überwachung von quasiparallelen Prozessen mit Hauptanwendung auf Rechner- Betriebssysteme, etwa "multi-programming", d.h. ein zentraler Prozessor teilt seine Arbeitszeit auf für verschiedene Programm- Jobs, oder "concurrent programming", d.h. mehrere zentrale Prozessoren bearbeiten denselben Programm- Job, oder andere daraus zusammengesetzte Probleme.

In diesem Skript soll CONCURRENT PASCAL nicht im einzelnen beschrieben werden. Für Interessenten ist eine Auswahl von Literatur über dieses Gebiet nachfolgend angefügt. Simulation quasiparalleler Prozesse war in ALGOL 60 noch nicht möglich, ist in PASCAL nur als Erweiterung (CONCURRENT PASCAL) vorgesehen, wird in ALGOL 68 auf elementarer Ebene (Dijkstra- Semaphore) angeboten und ist standardmäßig und mit hinreichendem Komfort verwirklicht in SIMULA (class SIMULATION).

Eine Auswahl von Literatur über Simulation quasiparalleler Prozesse

(68) E. W. Dijkstra: " Cooperating Sequential Processes", contained in Programming Languages, F. Genuys (editor), Academic Press: London etc., pp 43-110, 1968.

(70) O.- J. Dahl, B. Myrhang, K. Nyrgaard: "(Revised SIMULA 67) Common Base Language", Revised Version of 1967, Norw. Comp. C.: Oslo, S22, 151 pp, 1970.

(71) E. W. Dijkstra: " Hierarchical ordering of sequential processes", Acta Informatica 1, 2, pp 115-38, 1971.

(72) P. Brinch Hansen: " Structured Multiprogramming", Comm. of the ACM 15, 7, pp 574-578.

(75) P. Brinch Hansen: " The Purpose of Concurrent PASCAL", IEEE Proceedings, Intern. Conf. on Reliable Software, pp 305-309, April 1975.

(75) A. van Wijngaarden et al.: " Revised Report on the Algorithmic Language ALGOL 68", Acta Informatica 5 (1-3), pp 1-236, 1975.

(80) H. Feldmann: "SIMULATRANSIT, structured Simulation with Print Plot, Statistic and Output", SIMULA newsletter, Vol.8, No. 3, pp 9-12, 1980.

8.7	Testfragen (mit Nummernhinweisen)	Antworten
8.1	Sind in PASCAL auch Funktionen oder Routinen anderer Programmiersprachen aus der Programmbibliothek des Rechenzentrums anschließbar ?	implementations-abhängig, im System CDC 6000-3.4 z. B. FORTRAN -subroutines
8.2	Ist "end-of-line" ein Drucker- Kontrollzeichen ?	nein, internes Kontrollzeichen 7.3
8.3	Sind die SEGMENTED FILEs des PASCAL Systems CDC 6000-3.4 " RANDOM access files" (7) ?	ja, nur wird hier von der laufenden Position und nicht vom Anfang positioniert
8.4	Was wird ausgedruckt in einem PASCAL System CDC 6000-3.4 ?	
	PROGRAM KARDINALZAHL(OUTPUT); BEGIN WRITELN(CARD((.'B'..'D','F'..'H', 'J'..'N','P'..'T','V'..'Z'.))) END.	21, vgl. 4.1.3
8.5	Welche Routinen sind äquivalent ?	
	GETSEG(X,1) und GETSEG(X)	ja
	REWRITE(X,1) und REWRITE(X)	nein
8.6	Welches wichtige Konzept aus einer anderen Programmiersprache hat P. Brinch Hansen übernommen, um CONCURRENT PASCAL formulieren zu können ?	CLASS - Konzept aus SIMULA

9 ÜBUNGSAUFGABEN

Die Übungsaufgaben sind nach Schwierigkeitsgrad gekennzeichnet mit l=leicht, m=mittel, s=schwer (1-te Stelle), laufend durchnumeriert (2-3 te Stelle) und nach dem internationalen ACM - Index (4-5 te Stelle) geordnet.

Der Leser möge sich aus der Vielzahl der Aufgaben die ihn besonders interessierenden Aufgaben heraussuchen, oder besser noch, daraus Varianten oder eigene Aufgaben selbst entwickeln und dann Lösungsalgorithmen programmieren. Außerdem ist im Literaturverzeichnis L2 eine Auswahl von Algorithmen- und Aufgabensammlungen angegeben.

l 01A0 " Adam Riese", d.h. programmiere nach Schul- Algorithmen folgende Operationen mit positiv ganzzahligen Operanden:

a) Addition oder

b) Subtraktion oder

m c) Multiplikation oder

m d) Division oder

s e) Radizierung (Vergleich mit dem Newton'schen Verf. Aufg. 20)

l 02A1 " Geldbetrag- Auszahlung", d.h. Auszahlen eines beliebigen Geldbetrags mit möglichst wenig Scheinen und Münzen.

m 03A1 " Römische Zahlen", d.h. Konvertierung

a1/2) einer nat. Zahl vom Dezimalsystem ins stellenfreie (bzw. nicht stellenfreie) römische Zahlsystem, z. B. 9 in VIIII (bzw. IX), oder

b1/2) einer nat. Zahl vom stellenfreien (bzw. nicht stellenfreien) römischen Zahlsystem ins Dezimalsystem.

m 04A1 Zahlkonvertierung:

a) einer nat. Zahl vom Dezimal- System in ein beliebiges k- Ziffern-Stellensystem ($k \neq 10$) oder

b) einer nat. Zahl von einem beliebigen k- Ziffern- Stellensystem ($k \neq 10$) ins Dezimalsystem oder

s c) einer nat. Zahl von einem beliebigen k1- Ziffern- Stellensystem über das Dezimalsystem in ein beliebiges k2 Ziffern-Stellensystem.

s 05A1 Zahlarithmetik:

a) Addition zweier nat. Zahlen in einem beliebigen k- Ziffern-Stellensystem (ev. $k \leq 10$) oder

b) " Kleines Einmaleins" in einem beliebigen k- Ziffern-Stellensystem (ev. $k \leq 10$).

m 06A1 Wiederholte Quersummenbildung einer nat. Zahl (z. B. dezimal).

m 07A1 Bestimme zu n nat. Zahlen (n>1, für n=1 siehe Skript)

a) das kleinste gemeinsame Vielfache oder/und

b) den größten gemeinsamen Teiler.

m 08A1 Primzahlalgorithmus (vgl. Sieb des Erathostenes im Skript und Prüfung auf Primzahl im Skript):

Primfaktorzerlegung einer nat. Zahl .

l 09A1 Primzahltabelle (Primzahlalgorithmus vorausgesetzt):

a) Tabelle der Anzahl k(n) der Primzahlen kleiner gleich n, (n < 500) oder

b) Tabelle der Primzahlzwillinge < 1000 oder

c) Tabelle der Anzahl k2(n) der Primzahlzwillinge kleiner gleich n, (n < 1000) oder

d) Primzahlvorkommen < 10 000 notiert mit "P" für " Primzahl" und mit "." für "keine Primzahl" .

l 10A1 " Primzahlformel- Test" (Primzahlalgorithmus vorausgesetzt), d.h. bestimme mindestens eine von den folgenden Formeln gelieferte Zahl, die keine Primzahl ist:

a) f(n) = 2↑n - 1 mit n Primzahl = 2,5,7,11,... (Mersenne'sche Zahlen) oder

b) f(n) = n*n + n + 41 mit n = 1,2,3,... oder

c) f(n) = n*n - 79*n + 1601 mit n = 1,2,3,... oder

d) f(n) = n↑n + 1 mit n = 1,2,3,... oder

e) f(n) = n! + 1 mit n = 1,2,3,... .

m 11A1 Tabelle der pythagoräischen Zahlentripel < 100 .

m 12A1 Tabelle der Fibonaccizahlen F1,..., F500 .

m 13A1 Überprüfung der Goldbach'schen Vermutung für gerade Zahlen ungleich 2 (bis 500) .

m 14A1 Tabelle der "vollkommenen Zahlen" < 1000000 .

m 15B3 Tabelle auf 8 Mantissenstellen der Werte von f(x) = x ↑ x ↑ x ↑ ... im reelen Intervall e↑-e < x ≤ e↑(1/e) für x auf 2 Mantissenstellen .

m 16B4 100-stellige Tabelle der Potenzen von n (n nat.).

m 17B4 Berechnung der Wurzel aus x auf 100 Stellen genau (x>0 reell).

m 18C1 Wert der n-ten Ableitung eines Polynoms.

m 19C1 Division eines Polynoms vom Grad k1 durch ein Polynom vom Grad k2≤k1 .

m 20C2 Berechnung der n-ten Wurzel aus x (n≥2 ganz, x reell, für n=1 siehe Skript) nach dem Newton'schen Iterationsverfahren.

m 21C2 Lösung einer reellen quadratischen Gleichung (mit komplexen Lösungen) :

a) x*x + p*x + q = 0 (Normalform) oder

b) a*x*x + b*x + c = 0 (Allgemeine Form, a=0, b=0 berücksicht.).

s 22C2 Lösung der kubischen Gleichung in allgemeiner Form (Cardani'sche Formel).

m 23C4 Bestimmung einer Nullstelle einer beliebigen reellen Funktion

a) mit Hilfe des Newtonschen Iterationsverfahrens oder

b) mit Hilfe der regula falsi .

m 24C5 Bestimmung einer Nullstelle einer transzendenten Gleichung (z. B. x = -lnx) durch gewöhnliche Iteration .

m 25C6 " Sicherheitsabstand", d.h. auf einem Polizeifoto sind die Bild- Abstände vom Hinterrad des hinteren Fahrzeugs bis zu seinem Vorderrad, bis zum Hinterrad des vorderen Fahrzeugs und bis zum perspektivischen Fluchtpunkt messbar. Wie groß war der Original-Abstand vom Vorderrad des hinteren Fahrzeugs bis zum Hinterrad des vorderen Fahrzeugs, wenn der Original- Radabstand des hinteren Fahrzeugs bekannt ist ?

m 26C6 (Vergleich der) Näherungen an PI :

```
        unendl
a) PI*PI/6 = SUMME 1/k↑2  oder
              k=1
```

b) 2/PI= w(a)*w(a+a*w(a))*w(a+a*w(a+a*w(a)))*..., w Wurzel, a=1/2 oder

c) PI/4= arctg1 = 1 - 1/3 + 1/5 - 1/7 + ... oder

d) durch dem Kreis einbeschriebene (umbeschriebene) n- Ecke (Summation über kleine Rechteckseiten) oder

e) eventuell andere Näherungen (siehe " Monte Carlo Methode").

m 27C6 (Vergleich der) Näherungen an e auf 100 Stellen genau:

```
a) lim        (1 + 1/n)↑n = e = lim        (1 - 1/n)↑n   oder
   n>unendl                     n>unendl
```

```
       unendl
b) e = SUMME 1/k!   oder
        k=0
```

c) eventuell andere Näherungen.

l 28D0 " Bremsweg" eines Kraftfahrzeugs als Tabelle in Abhängigkeit von der Geschwindigkeit v und der Bremsbeschleunigung b.

l 29D0 " Verfolgungsfahrt", d.h. nach welcher Zeit überholt der Fahrer A (Geschwindigkeit a) den Fahrer B (Geschwindigkeit b), wenn sie mit 1/2 Runde (Rundenlänge r) Abstand gleichzeitig starten ?

m 30D1 Integration:

a) z. B. nach Simpson oder

s b) nach einer höheren Formel, z. B. nach Romberg.

m 31D2 Lösung einer gewöhnlichen Differentialgleichung (Anfangswerte)

a) z. B. nach Runge Kutta oder

s b) nach einem höheren Verfahren, z. B. predictor-corrector.

s 32D2 Lösung einer gewöhnlichen Differentialgleichung (Randwerte) oder einer Integralgleichung nach einem Differenzenverfahren.

s 33D3 Lösung einer partiellen Differentialgleichung (Randwerte) nach einem Differenzenverfahren.

s 34E2 Fourier- Analyse einer periodischen stückweise monotonen, stückweise stetigen Funktion f mit f(x)=f(x+w) ,

```
              unendl
f(x) = a0/2 + SUMME  (ak*cos(k*w0*x)+bk*sin(k*w0*x))   .
               k=1
```

Bestimmung der ersten 5 Koeffizienten ak,bk (k=1,...,5).

s 35E2 Approximation einer reelen Funktion durch parametrisierte Näherungsfunktionen

a) nach der Fehlerquadratmethode (Ausgleichsrechnung) oder

b) nach der Maximalbetragsmethode (Tschebyscheff).

m 36F0 " Diagonalverfahren", d.h. Aufzählen von 500 Elementen der Menge N*N = <1,2,3,...>*<1,2,3,...> = <(1,1),(2,1),(1,2),...> (auch Formel existiert).

m 37F1 Bestimmung des Winkels zwischen zwei Vektoren (allgemein für Dimension n).

```
                                            n
l 38F1 Norm eines reellen Vektors ( SUMME |xj|↑k )↑(1/k) :
                                           j=1
```

a) für k=1, d.h. Betragssummennorm, oder

b) für k=2, d.h. Abstands(Euklid'ische)norm, oder

c) für k>unendlich, d.h. Maximalbetrags(Tschebyscheff)norm.

m 39F1 Ermittlung des betragsmäßig größten Eigenwerts einer reellen symmetrischen Matrix:

a) durch Bildung von Rayleigh'schen Quotienten oder

b) nach dem Jakobi'schen Iterationsverfahren.

l 40F1 Norm einer (im Fall b symmetrischen) reellen quadratischen Matrix:

```
                                   n    n
a) Spaltenbetragssummennorm      max SUMME |ajk|        oder
                                 k=1  j=1

                                   n
b) Euklid'ische Norm             max | Eigenwertj |
                                 j=1
   ( Eigenwertalgorithmus vorausgesetzt)                oder
                                   n    n
c) Zeilensummennorm              max SUMME |ajk|          .
                                 j=1  k=1
```

l 41F1 Prüfung ganzzahliger Matrizen A, B auf

a) AA' = A'A (Transponierte A'), d.h. " A normal" oder

b) AA' = E (Einheitsmatrix E), d.h. " A orthogonal" oder

c) AB = BA d.h. " A,B kommutativ" .

m 42F1 " Dünn besetzte Matrizen", d.h. programmiere eine speicherökonomische Erfassung von Matrizen, die pro Zeile nur mit wenigen Elementen ungleich 0 besetzt sind, zwecks Anwendung auf :

a) Matrix- Transponierung oder

b) Matrix- Addition oder

c) Matrix- Multiplikation.

m 43F2 Bestimmung der Lage der Hauptachsen einer Ellipse.

s 44F3 Berechnung der Determinante einer quadratischen reellen Matrix :

a) durch Entwicklung nach Zeilen oder Spalten oder

b) durch Transformierumg auf Dreiecksform (z. B. nach Gauß) oder

c) nach der Formel

Det(a1,...,an) = SUMME sign(p1,...,pn) a1p1...anpn ,

wobei über alle Permutationen (p1,...,pn) der Ziffern (1,...,n) zu numerieren ist.

s 45F4 Lösung eines linearen Gleichungssystems :

a) nach Gauß oder

b) nach Banachiewicz oder

c) nach einem Verfahren mit Pivot- Suche oder

d) nach dem Einzelschrittverfahren oder

e) nach dem Gesamtschrittverfahren oder

f) mit Overrelaxation oder

g) mit Alternating- Directions.

m 46G0 " Fußballmeisterschaft", d.h. jeder Verein spielt gegen jeden anderen genau einmal; ein Sieg gibt 2 Punkte, ein Unentschieden 1 Punkt; bei Punktgleichheit entscheiden die Tordifferenzen aus allen geschossenen und erhaltenen Toren ; sind auch diese gleich, so ergeben sich gleiche Plazierungen.

m 47G1 Ermittlung der Häufigkeit von Buchstabenfolgen (vgl. Skript) in Deutsch- Texten (die häufigsten Buchstaben sind e n r i s t d h a).

m 48G1 " Sitzverteilung", d.h.

a) d' Hondt'sches Höchstzahlverfahren oder

b) andere Verfahren zur Auszählung von Sitzverteilungen aus Stimmverteilungen.

m 49G1 Berechnung von Mittelwert mx,my, mittlerer Streuung sx,sy und Korrelationskoeffizient r aus (x1,...,xn) , (y1,...,yn) :

$$mx = 1/n * \sum_{k=1}^{n} xk \quad , \quad sx = \text{Wurzel}(1/(n-1) * \sum_{k=1}^{n} (xk-mx)\uparrow 2) ,$$

$$r = 1/((n-1)*sx*sy) * \sum_{k=1}^{n} (xk-mx)*(yk-my) \quad (n \geq 2) .$$

l 50G5 " Zufallswege", d.h. pseudozufälliges (RANDOM) Fortbewegen in einem ebenen Gitternetz:

a) von jeweils einem Punkt zu einem der 4 (oder 8) Nachbarpunkte oder
b) wie a), jedoch nicht zu bereits vorher besuchten Nachbarpunkten (" Stadtbummel").

s 51G5 " Roulette- System", d.h. man simuliere eine systematische Spielweise (z. B. Setzen fortlaufend auf Schwarz mit Verdoppeln; Neuanfang nach Gewinn oder bei Verluststrähne) und bestimme den " Verdienst" pro Stunde in Abhängigkeit von der mittleren Spieldauer, vom Einsatzlimit und vom Anfangskapital (ohne Anspruch auf sichere statistische Aussage).

m 52G5 " Monte Carlo Methode" d.h.

a) z. B. Bestimmung von PI/4 durch Bildung von Zufallszahlenpaaren $(0,0) \leq (a,b) \leq (1,1)$ und Division der Anzahl der günstigen Fälle $f(a,b) = a*a+b*b-1 \leq 0$ (im Viertelkreis) durch Anzahl aller Fälle (im Quadrat) oder

b) andere Flächenbestimmungen, z. B. $f(a,b) = a*a*a-a*b+b*b*b$.

m 53G5 Statistische Tests für einen (eigenen, vgl. Skript) Pseudozufallszahlengenerator.

m 54G6 " Leuchtziffern", d.h. Anzeige von Ziffern mittels Leuchtelementen (z. B. 7 in Form einer Acht angeordnete Leuchtstäbe oder 35 in Form eines Rechtecks angeordnete Leuchtpunkte). Man zähle die "lesbaren" Varianten auf und bestimme jeweils die Mindestanzahl verschiedener Leuchtelemente zwischen allen Ziffern (Hamming- Abstand).

m 55G6 Bestimmung der lexikographisch nächsten Permutation.

m 56G6 " Zyklenschreibweise" für eine Permutation.

s 57G6 Bestimmung der lexikographisch nächsten Variation.

s 58G6 Automorphismengruppe einer gegebenen Gruppe.

s 59H0 " Magische Quadrate" aus Zahlen 1,2,...,n*n:

a) für n ungerade (z. B. nach de la Loubère, vgl. Skript) oder

b) für n gerade (z. B. für n=2↑m, m=2,3,...).

s 60H0 Optimierungsaufgaben (Netze, Graphen).

l 61H3 " Pfänderspiel", d.h. Ausdrucken der nat. Zahlen von 1 bis 100 ohne Zahlen, die 7 als Ziffer enthalten oder durch 7 teilbar sind.

m 62H3 " Abzählspiel", d.h. von n Personen wird durch Abzählen jede m-te ausgeschieden. Welche bleibt übrig ?

s 63H3 " Ziege- Wolf- Kohlkopf" Fährtransport- Problem.

s 64H3 " Nim - Spiel", Gewinnstrategie.

s 65H3 "8 Königinnen Problem", d.h. man plaziere 8 Königinnen so auf einem Schachbrett, daß sie sich nicht gegenseitig bedrohen.

s 66H3 " Rundreise des Springers", d.h. ein Springer soll irgendwo auf dem Schachbrett beginnend das ganze Schachbrett bereisen ohne zweimal auf dasselbe Feld zu springen (nötigenfalls 5*5 statt 8*8).

s 67H3 " Solitaire", d.h. in einem 7*7 Quadrat sind die 2*2 Ecken ausgespart; die Mitte ist frei. Man "überspringe" Steine, bis nur noch einer übrig bleibt.

s 68H3 Sonstige "backtracking" - Algorithmen (vgl. LABYRINT) wie z. B. " Reise nach Fahrplan", " Vier - Farben - Landkarte", " Aufstellung eines Stundenplans", " Puzzle (Figuren, Zahlen, Farben)".

m 69J0 "print plot", d.h. punktweises Zeichnen auf dem Schnelldrucker, z. B. Kurven, vergrößerte Buchstaben, Rasterbilder etc.

s 70J5 Graphische Ausgabe (Sichtgerät, Zeichengerät).

s 71M0 Formelkonvertierung (vgl. Skriptum):

a) aus Funktionsnotation mit Klammern in klammerfreie Präfix-Notation (" Lukasiewicz"- bzw. "polnische" Notation) oder

b) aus Operationsnotation mit Vorrang- Definitionen und nötigenfalls Klammersetzungen
in Funktionsnotation mit Klammern oder

c) andere aus a,b zusammengesetzte Konvertierungen oder Rückkonvertierungen.

m 72M1 Ordnen:

a) durch Nachbartausch oder

b) durch Maximumsuche oder

c) durch Einordnen von Elementen oder

höhere Verfahren (siehe auch QUICKSORT im Skript):

d) durch ordnungstreue Abbildung auf ein endliches ganzzahliges Intervall und Auszählen der Häufigkeiten oder

s e) durch Zusammenordnen von geordneten Mengen, beginnend mit Einermengen (Goldstine, von Neumann) oder

s f) stellenweises Ordnen, beginnend bei der niedrigsten Stelle.

s 73M1 " Cliquenbildung", d.h. gegeben ist eine Menge von (z. B. 20) Personen, von denen jede Person eine gewisse Anzahl von anderen Personen näher kennt und gesucht sind alle Teilmengen von Personen, in denen jede Person jede andere Person näher kennt.

m 74M1 " Binäres Suchen" einer nat. Zahl in einer geordneten Kette nat. Zahlen durch fortlaufende Teilung der Kette und Bestimmung des Teils, der die Zahl enthält.

m 75M4 " Codierungsvergleich", d.h. Prüfung zweier Ketten natürlicher Zahlen darauf, ob sie (verschiedene) Codierungen der Art "jedes Zeichen aus dem Zeichenvorrat entspricht genau einer Zahl aus einer Teilmenge der nat. Zahlen" sein könnten.

s 76R0 " Potenzmenge", d.h. Ausdrucken aller Elemente der Menge aller Teilmengen einer beliebigen endlichen (z. B. Wort-) Menge.

l 77R1 Beweis logischer Aussagenformeln,
z. B. ((a>b)^(b>c)) > (a>c) für alle logischen Werte von a,b,c.

m 78S16 Tabelle der Legendre- Polynome Pn(x)
für n=0,1,...,9 und x=-1,-0999,...,+1 .

m 79S21 Berechnung des Umfangs einer Ellipse mit den Hauptachsen a,b.

m 80S22 Tabelle der Tschebyscheff- Polynome Tn(x)
für n=0,1,...,9 und x=-1,-0.99,...,+1 .

m 81S3 Fakultät (vergleiche normal-stellige Version im Skript):

a) 100-stellige Tabelle von n! , n nat. Zahl oder

b) Berechnung von n! auf 100 Stellen mit der Stirling'schen Formel, mit Fehlerabschätzung.

m 82S3 Binomialkoeffizientenalgorithmus: Berechnung von "n über k" (rekursiv).

l 83S3 Binomialkoeffiziententabelle (Algorithmus vorausgesetzt):

a) 8-stellige Tabelle oder

m b) 5-stellige Tabelle als Pascal'sches Dreieck,

s c) s-stellige Tabelle als Pascal'sches Dreieck (s nat. vorgebbar).

l 84T3 Kalender:

a) Tabelle der Datumszahlen und der zugehörigen Wochentage (Wochentagsalgorithmus vorausgesetzt, Skript) oder

m b) Bestimmung des Datums des Osterfestes oder

m c) Untersuchung, ob ein Jahr Schaltjahr ist.

l 85T7 n- Eck:

a) Berechnung der Fläche oder

b) Bestimmung des Schwerpunkts oder

m c) Prüfung auf Konvexität oder

m d) Prüfung, ob ein Punkt enthalten ist.

l 86T7 Berechnung des Produkts zweier Elemente des Quaternionenschiefkörpers.

m 87T9 " Life" (Conway 1967), d.h. " Individuen" (notiert als "*", Leerzeichen ".") mit je 8 Nachbarpunkten, werden "geboren" genau dann, wenn 3 Nachbarindividuen existieren, und "überleben" genau dann, wenn 2 oder 3 Nachbarindividuen existieren:

a) in einem ebenen Gitternetz oder

b) auf einem Torus- Gitternetz (d.h. Ränder oben/unten und links/rechts sind identisch).

s 88T9 " Zellulare Automaten" (v. Neumann 1950), d.h. " Zustände" (Leerzustand "0", außerdem "1",...,"7") in einem ebenen Gitternetz mit je 1 Zentrum und je 4 Nachbarpunkten werden in andere Zustände gemäß einer Tabelle überführt. Es entstehen " Pfade" aus "1" mit Rand "2" oder "3", auf denen " Signale" "4",...,"7" laufen, die Pfade "abfühlen", "verlängern" oder "verkürzen" u.a.m. (siehe Codd 1965, 1968ff).

s 89X0 " Schlüsselwort- Index", d.h. Durchsuchen von m gegebenen (Titel-) Sätzen nach n gegebenen (Schlüssel-) Worten und Ausdrucken der Sätze (ggf. mehrfach) so, daß lexikographisch geordnet in der Mitte der Zeile das jeweilige Schlüsselwort steht und links und rechts anschließend die linken und rechten Restteile des Satzes (soweit noch in die Zeile passend).

l 90X0 Darstellung von Strukturen (Stammbäume, Ahnentafeln etc.).

A ANHANG

A1 Syntax- Diagramm

Das folgende Diagramm gibt die Regeln zur Erzeugung eines PASCAL - Programms in graphischer Form wieder. Das Diagramm ist dem Report entnommen und gemäß sonstiger Angaben des Reports weiter vervollständigt worden.

Beginnend mit (PROGRAM) suche man einen der möglichen Pfade durch das Gesamt- Diagramm, wobei man in runden Umrahmungen stehende Worte niederschreibt und in eckigen Umrahmungen stehende Aufrufe von anderen Teil- Diagrammen, z. B. [identifier], durch An- und Rücksprung ausführt. Wie man sieht, endet jeder Lauf durch das Gesamt- Diagramm mit (.) .

Die Teil- Diagramme sind aufsteigend von einfacheren zu komplizierteren Teil- Diagrammen wie folgt geordnet:

A1.1 - digit, capital and small letter, character etc.

A1.2 - comment, word symbol, symbol etc.

A1.3 - identifier, unsigned number, type etc.

A1.4 - variable, expression etc.

A1.5 - statement, block, program.

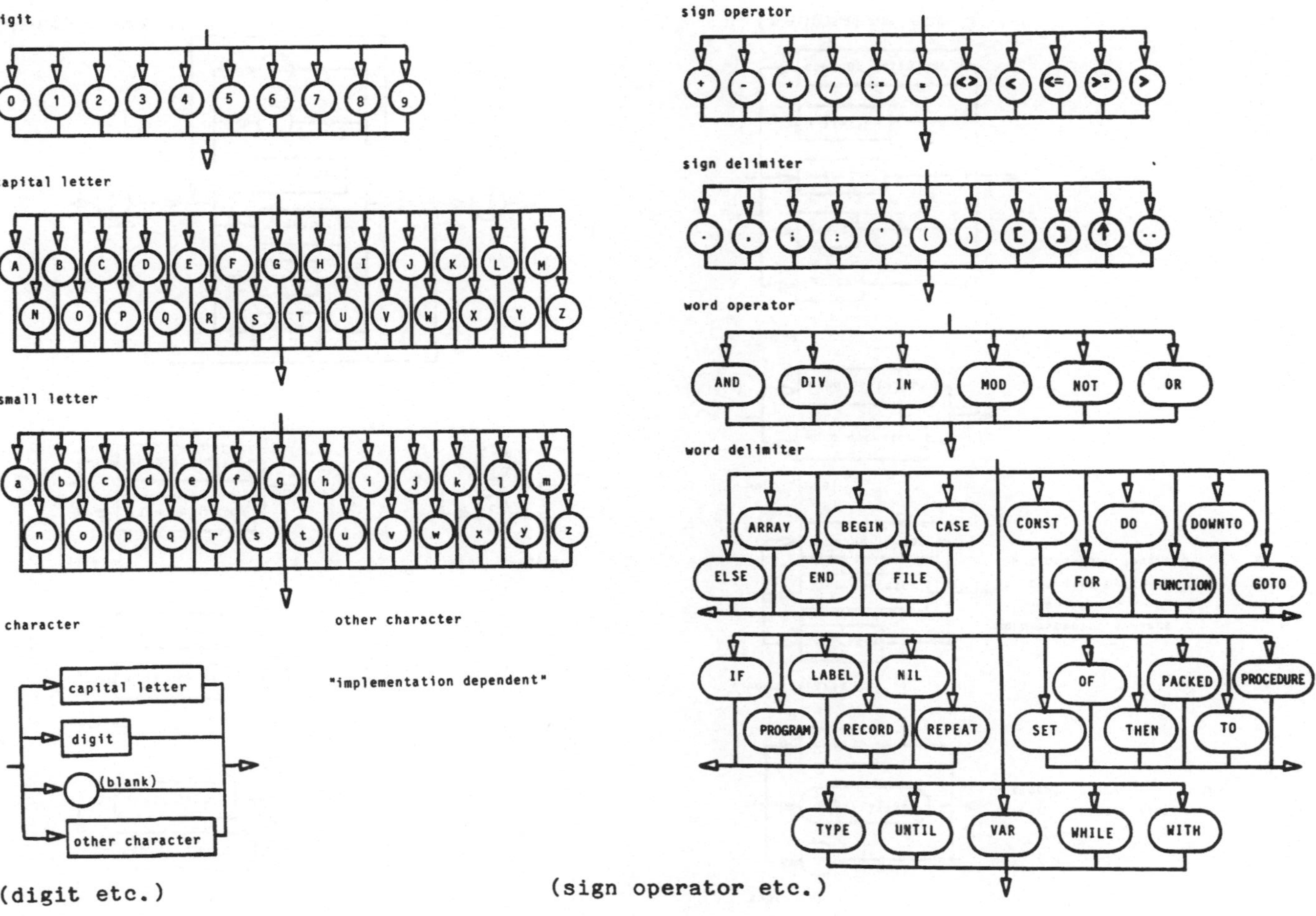
digit
0 1 2 3 4 5 6 7 8 9
capital letter
A B C D E F G H I J K L M
N O P Q R S T U V W X Y Z
small letter
a b c d e f g h i j k l m
n o p q r s t u v w x y z
character
capital letter
digit
(blank)
other character
other character
"implementation dependent"
(digit etc.)
sign operator
+ - * / := = <> < <= >= >
sign delimiter
. , ; : ' ( ) [ ] ↑ ..
word operator
AND DIV IN MOD NOT OR
word delimiter
ARRAY BEGIN CASE CONST DO DOWNTO
ELSE END FILE FOR FUNCTION GOTO
IF LABEL NIL OF PACKED PROCEDURE
PROGRAM RECORD REPEAT SET THEN TO
TYPE UNTIL VAR WHILE WITH
(sign operator etc.)

A1.2 Syntax - Diagramm

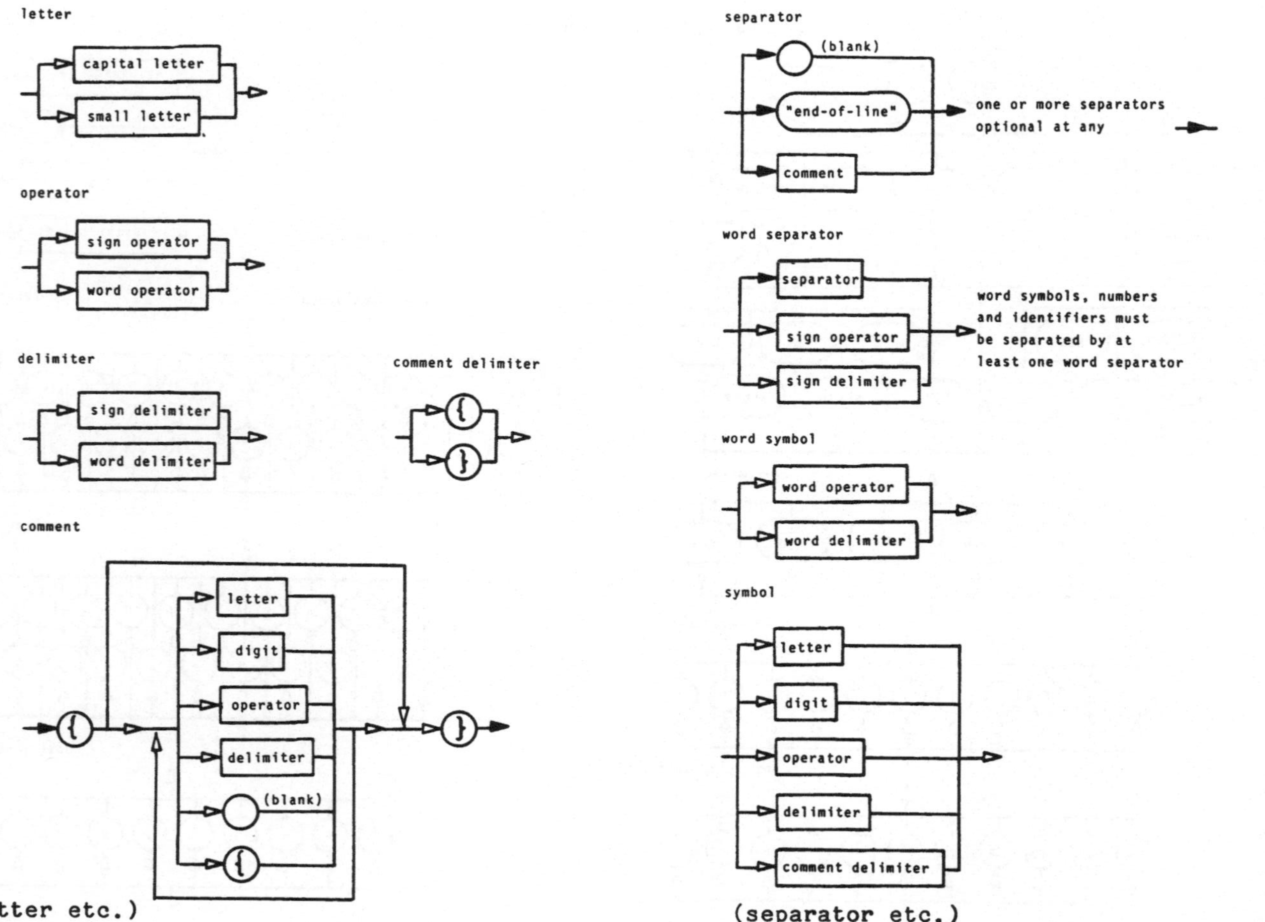

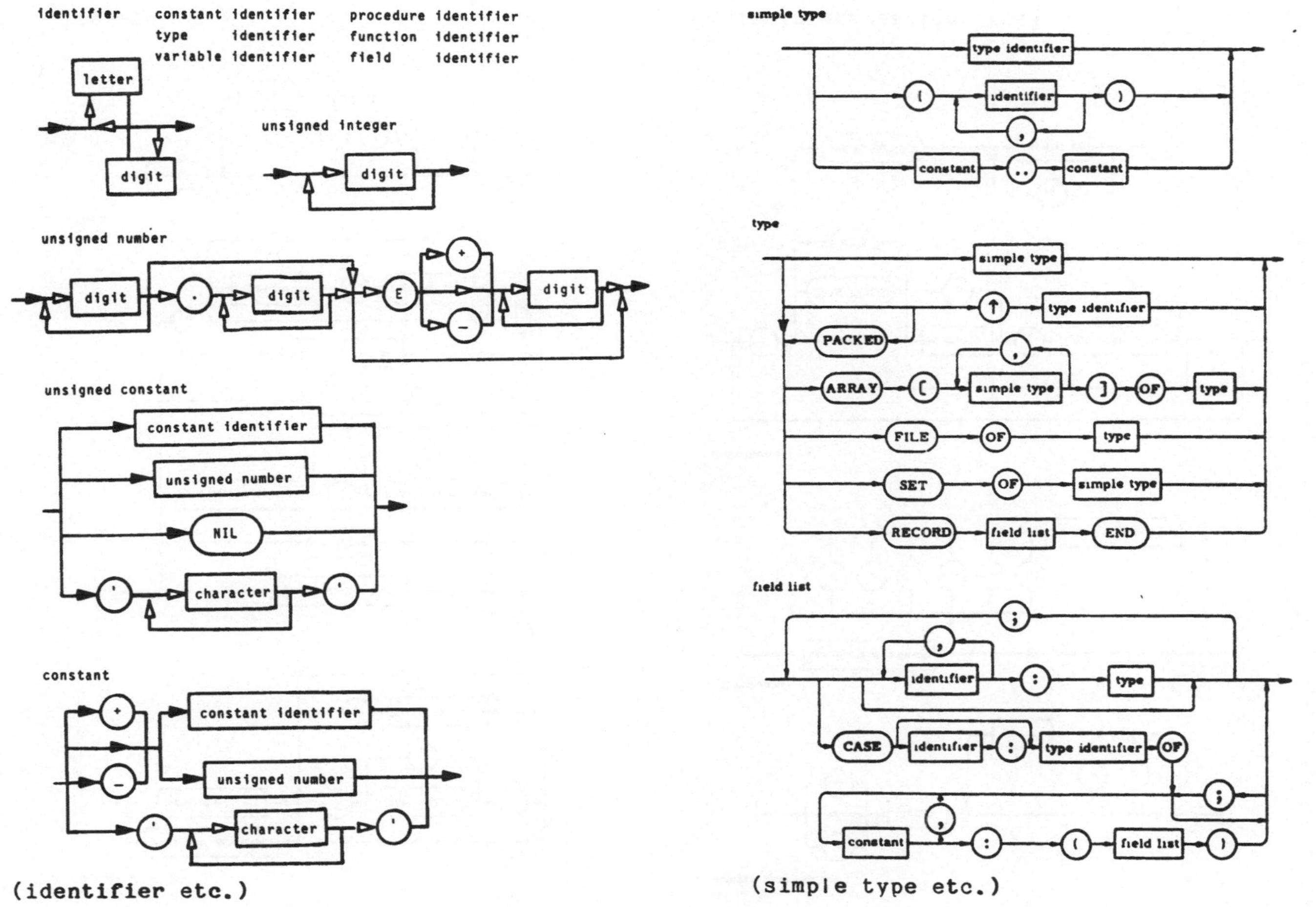

(identifier etc.)

(simple type etc.)

A1.4 Syntax - Diagramm

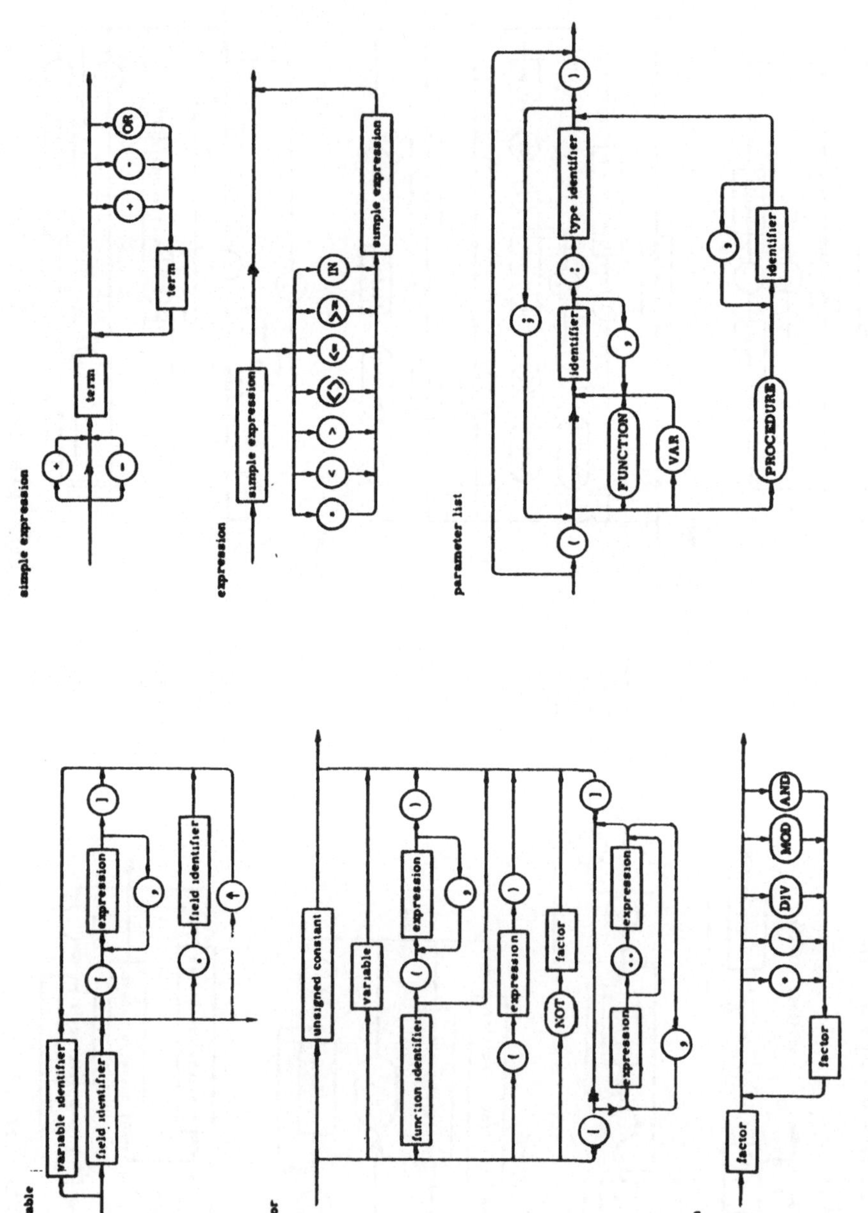

(simple expression etc.)

(variable etc.)

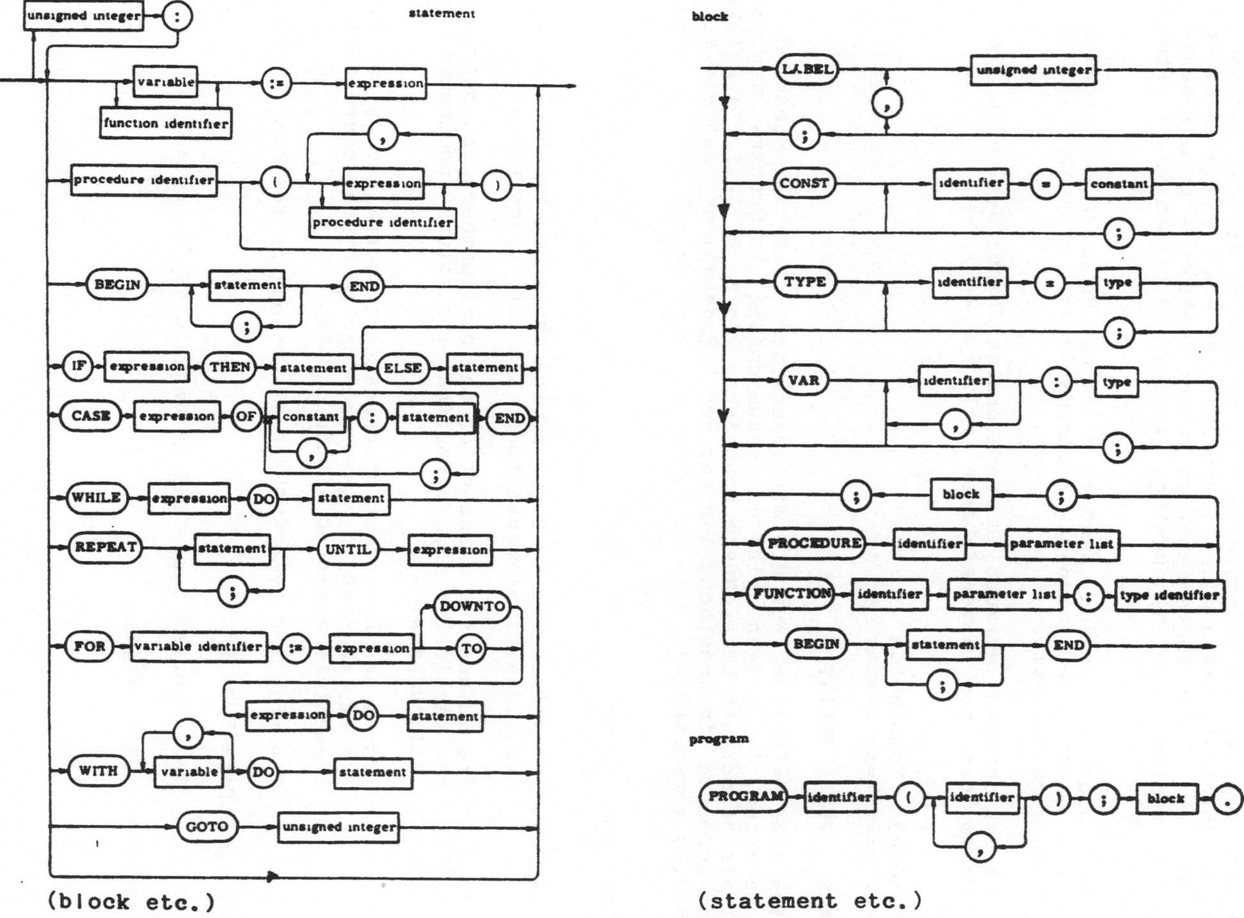

(block etc.)

(statement etc.)

A2 STANDARD - VEREINBARUNGEN

Die Standard- Vereinbarungen werden in jeder Implementation von PASCAL als a priori definiert vorausgesetzt. Wir zitieren in diesem Skript- Kapitel die Standard- Vereinbarungen in der englischsprachigen Original- Fassung des (Revised) Reports (72) und des User Manual (75). Jeder Implementation können weitere a priori definierte Vereinbarungen hinzugefügt werden (Bibliotheks- Vereinbarungen, vgl. 8.4-5 ff) .

Alle Standard- Größen sind in einem das Programm umfassenden a priori vorhandenen Standard- Programm (oder - Prozedur) als vereinbart vorausgesetzt.

Es ist durchaus erlaubt, diese globalen Standard- Größen im Programm lokal neu zu vereinbaren (vgl. 6.2.2/3).

A2.1 Standard - Konstanten

FALSE, TRUE, MAXINT

Dies sind natürlich nur die mit identifier versehenen Standard-Konstanten. Im übrigen gibt es standardmäßig im Syntax- Diagramm A1 als "constant" bezeichnete Konstanten wie z. B. -2.7, 'A PRIORI' und außerdem die konstante Adresse der " Endstation", auf die NIL (5.2.1) verweist.

A2.2 Standard - Typen

INTEGER The values are a subset of the whole numbers defined by individual implementations. Its values are the integers.

REAL Its values are a subset of the real numbers depending on the particular implementation. The values are denoted by real numbers.

CHAR Its values are a set of characters determined by particular implementation. They are denoted by the characters themselves enclosed within quotes.

The standard type BOOLEAN is defined as follows:

TYPE BOOLEAN=(TRUE,FALSE)

The standard type TEXT is defined as follows:

TYPE TEXT= FILE OF CHAR

A2.3 (Standard-) Operationen

Da in PASCAL nicht eigene Operationen vom Programmierer vereinbart werden können (wie in ALGOL 68 verwirklicht), können die nachfolgenden (Standard-) Operationen auch nicht im Programm neu vereinbart werden.

	OPERATOR	OPERATION	TYPE OF OPERAND(S)	RESULT TYPE
A2.3.1	:=	Assignment	any type except FILE types	---

A2.3.2 Arithmetic operations

OPERATOR	OPERATION	TYPE OF OPERAND(S)	RESULT TYPE
+ (unary)	identity	INTEGER or REAL	same as operand
- (unary)	sign inversion		
+	addition	INTEGER or REAL	INTEGER or REAL
-	subtraction		
*	multiplication		
DIV	integer division	INTEGER	INTEGER
/	real division	INTEGER or REAL	REAL
MOD	modulus	INTEGER	INTEGER

If both operands of the arithmetic operators of addition, subtraction and multiplication are of type INTEGER (or a subrange thereof), then the result is of type INTEGER . If one of the operands is of type REAL, then the result is also of type REAL.

A2.3.3 Relational operations

OPERATOR	OPERATION	TYPE OF OPERAND(S)	RESULT TYPE
=	equality	scalar, string,	BOOLEAN
<>	inequality	set or pointer	
<	less than	scalar or string	
>	greater than		
<=	less or equal -or- set inclusion	scalar or string / set	
>=	greater or equal -or- set inclusion	scalar or string / set	
IN	set membership	first operand is any scalar, the second is its set type	

Notice that all scalar types define ordered sets of values.
If P and Q are Boolean expressions, P=Q denotes their equivalence, and P<=Q denotes implication of Q by P. (Note that FALSE < TRUE).

OPERATOR	OPERATION	TYPE OF OPERAND(S)	RESULT TYPE
A2.3.4 Logical operations			
NOT	negation	BOOLEAN	BOOLEAN
OR	disjunktion		
AND	conjunktion		
A2.3.5 Set operations			
+	union	any set type T	T
-	set difference		
*	intersection		

A2.4 Standard - Funktionen

A2.4.1 Arithmetic functions

ABS(X) computes the absolute value of X. The type of X must be either REAL or INTEGER, and the type of the result is the type of X.

SQR(X) computes X**2. The type of X must be either REAL or INTEGER, and the type of the result is the type of X.

SIN(X)
COS(X)
EXP(X) the type of X must be either REAL or INTEGER, and
LN(X) the type of the result is REAL.
SQRT(X)
ARCTAN(X)

A2.4.2 Predicates (Boolean functions)

ODD(X) the type of X must be INTEGER; the result is TRUE if X is odd, otherwise FALSE.

EOLN(F) returns the value TRUE when, while reading the textfile F, the end of the current line is reached; otherwise, FALSE.

EOLN stands for EOLN(INPUT).

Textfiles represent a special case among file types insofar as texts are substructured into lines by so-called line markers. If, upon reading a textfile F, the file position is advanced to a line marker, that is past the last character of a line, then the value of the buffer variable F↑ becomes a blank, and the standard function EOLN(F) (<u>e</u>nd <u>o</u>f <u>l</u>i<u>n</u>e) yields the value TRUE . Advancing the file position once more assigns to F↑ the first character of the next line, and EOLN(F) yields FALSE (unless the next line consists of 0 characters). Line markers, not being elements of type CHAR, can only be generated by the procedure WRITELN.

EOF(F) returns the value TRUE when, while reading the file F, the "end-of-file" is reached; otherwise, FALSE.

EOF stands for EOF(INPUT).

A2.4.3 Transfer functions

TRUNC(X) X must be of type REAL; the result is the greatest integer less than or equal to X for X>=0, and the least integer greater or equal to X for X<0 (entspricht " Abschneiden").

ROUND(X) X must be of type REAL; the result, of type INTEGER, is the value X rounded.
That is, ROUND(X)=TRUNC(X+0.5), for X>=0
TRUNC(X-0.5), for X< 0
(entspricht " Runden").

ORD(X) the ordinal number (>=0) of the argument X in the set of values defined by type of X.

CHR(X) X must be of type INTEGER, and the result is the character whose ordinal number is X (if it exists).

A2.4.4 Further standard functions

SUCC(X) X is of any scalar type (except REAL) or subrange type, and the result is the successor value of X (if it exists).

PRED(X) X is of any scalar type (except REAL) or subrange type, and the result is the predecessor value of X (if it exists).

A2.5 Standard - Routinen

A2.5.1 Dynamic allocation routines

NEW(P) allocates a new variable V and assigns the pointer reference of V to the pointer variable P. If the type of V is a record type with variants, the form

NEW(P,T1,...,Tn) can be used to allocate a variable of the variant with tag field values T1...Tn. The tag field values must be listed contiguously and in the order of their declaration.

DISPOSE(P,T1,...,Tn) can be used to indicate that storage occupied by the variable P↑ (with tag field values T1...Tn) is no longer needed.

A2.5.2 Data transfer routines

```
PACK(A,I,Z)      If a is an array variable of type
                      ARRAY(M..N)OF T
                 and Z is a variable of type
                      PACKED ARRAY(U..V)OF T
                 where N-M>=V-U, then this is equivalent to
                      FOR J:=U TO V DO Z(J):=A(J-U+I)
                 and
UNPACK(Z,A,I)    is equivalent to
                      FOR J:=U TO V DO A(J-U+I):=Z(J)
                 ( In both cases, J denotes an auxiliary variable
                 not occuring elsewhere in the program.)
```

A2.5.3 File handling routines

PUT(F) — appends the value of the buffer variable F↑ to the file F, and is aplicable only if prior to execution, EOF(F) is TRUE. EOF(F) remains TRUE, and F↑ becomes undefined.

GET(F) — advances the current file position to the next component, and assigns the value of this component to the buffer variable F↑. If no next component exists, then EOF(F) becomes TRUE, and the value of F↑ is undefined. Applicable only if EOF(F) is FALSE prior to its execution.

RESET(F) — presents the current file position to its beginning for the purpose of reading, i.e. assigns to the buffer variable F↑ the value of the first element f F. EOF(F) becomes false if F is not empty: otherwise, F↑ is undefined and EOF(F) remains TRUE. Must not be applied to the file INPUT.

REWRITE(F) — replaces the current value of F with the empty file. EOF(F) becomes TRUE, and a new file may be written. Must not be applied to the file OUTPUT.

PAGE(F) — instructs the printer to skip to the top of a new page before printing the next line of the textfile F.

The two standard routines READ and WRITE are extended to faciliate the analysis and the formation of textfiles. The syntax for calling these routines is non-standard, for they can be used with a variable number of parameters whose types are not fixed.

A2.5.4 The routine READ

Let V1,V2, ... , Vn denote variables of type CHAR, INTEGER (or a subrange thereof) or REAL, and let F denote a textfile.

```
1. READ(V1, ... , Vn)         stands for
        READ(INPUT,V1, ... , Vn)

2. READ(F,V1, ... , Vn)       stands for
        BEGIN READ(F,V1); ... ; READ(F,Vn) END
```

3. READLN(V1, ... , Vn) stands for
   READLN(INPUT,V1, ... , Vn)

4. READLN(F,V1, ... , Vn) stands for
   BEGIN READ(F,V1); ... ; READ(F,Vn); READLN(F) END

   READLN(F) stands for
   WHILE NOT EOLN(F) DO GET(F);GET(F)

   The effect is that after Vn is read (from the textfile F), the remainder of the current line is skipped. (However, the values of V1 ... Vn may stretch over several lines.)

   READLN is used to read and subsequently skip to the beginning of the next line.

5. If CH is a variable of type CHAR, then
   READ(F,CH) stands for

   BEGIN CH:=F↑;GET(F) END

   If a parameter V is of type INTEGER (or a subrange thereof) or REAL, a sequence of characters, which represents an integer or a real number according to the PASCAL syntax, is read. (Consecutive numbers must be separated by blanks or ends of lines.)

The routine READ can also be used to read from a file F which is not a textfile.

READ(F,X) in this case stands for

BEGIN X:=F↑;GET(F) END

A2.5.5 The routine WRITE
==================

The routine WRITE appends character strings (one or more characters) to a textfile. Let P1,P2, ... , Pn be parameters of the form defined below (see 5), and let F be a textfile. Then, when writing onto the file F:

1. WRITE(P1, ... , Pn) stands for
   WRITE(OUTPUT,P1, ... ,Pn)

2. WRITE(F,P1, ... , Pn) stands for
   BEGIN WRITE(F,P1); ... ;WRITE(F,Pn) END

3. WRITELN(P1, ... , Pn) stands for
   WRITELN(OUTPUT,P1, ... ,Pn)

4. WRITELN(F,P1, ... , Pn) stands for
   BEGIN WRITE(F,P1); ... ;WRITE(F,Pn);WRITELN(F) END

   WRITELN(F) appends a line marker to the file F.

   This has the effect of writing P1, ... ,Pn and then terminating the current line of the textfile F.

5. Every parameter Pi must be of one of the forms:

```
E
E:E1
E:E1:E2
```

where E, E1, and E2 are expressions.

6. E is the value to be written and may be of type CHAR, INTEGER, (or a subrange thereof), REAL, BOOLEAN, or it may be a STRING. In the first case of 5

   WRITE(F,E) stands for

   ```
   F↑:=E;PUT(F)
   ```

7. E1 -called the minimum field width- is an optional control. It must be a natural number and indicates the minimum number of characters to be written. In general, the value E is written with E1 characters (with preceding blanks). If E1 is "too small", more space is allocated. (Reals must be written with at least one preceding blank; however, this restriction does not apply to integer values.) If no field length is specified, a default value (implementation dependend) is assumed according to the type of the expression E.

8. E2 -called the fraction length- is an optional control and is applicable only when E is of type REAL . It must be a natural number and specifies the number of digits to follow the decimal point. (The number is then said to be written in fixed-point notation.) If no fraction length is specified, the value is printed in decimal floting-point form.

9. If the value E is of type BOOLEAN, then the words (standard identifier) TRUE or FALSE are written preceded by an appropriate number of blanks (see 7).

The routine WRITE can also be used to write onto a file F which is not a textfile.

WRITE(F,X) in this case stands for

```
BEGIN F↑:=X;PUT(F) END
```

A2.6 Standard - Dateien

The two standard files INPUT and OUTPUT must not be declared but have to be listed as parameters in the program heading, if they are used. The initialising statements RESET(INPUT) and REWRITE(OUTPUT) are automatically generated and must not be specified by the programmer.

These two files are predeclared as

```
VAR INPUT,OUTPUT:TEXT
```

A3 STANDARD-SYNTAXFEHLERMELDUNGEN

1: error in simple type
2: identifier expected
3: 'PROGRAM' expected
4: ')' expected
5: ':' expected
6: illegal symbol
7: error in parameter list
8: 'OF' expected
9: '(' expected
10: error in type
11: '(' expected
12: ')' expected
13: 'END' expected
14: ';' expected
15: integer expected
16: '=' expected
17: 'BEGIN' expected
18: error in declaration part
19: error in field-list
20: '.' expected
21: '*' expected

50: error in constant
51: ':=' expected
52: 'THEN' expected
53: 'UNTIL' expected
54: 'DO' expected
55: 'TO'/'DOWNTO' expected
56: 'IF' expected
57: 'FILE' expected
58: error in factor
59: error in variable

101: identifier declared twice
102: low bound exceeds high bound
103: identifier is not of appropriate class
104: identifier not declared
105: sign not allowed
106: number expected
107: incompatible subrange types
108: file not allowed here
109: type must not be real
110: tagfield type must be scalar or subrange
111: incompatible with tagfield type
112: index type must not be real
113: index type must be scalar or subrange
114: base type must not be real
115: base type must be scalar or subrange
116: error in type of standard procedure parameter
117: unsatisfied forward reference
118: forward reference type identifier in variable declaration
119: forward declared; repetition of parameter list not allowed
120: function result type must be scalar, subrange or pointer
121: file value parameter not allowed

122: forward declared function; repetition of result type not allowed
123: missing result type in function declaration
124: F-format for real only
125: error in type of standard function parameter
126: number of parameters does not agree with declaration
127: illegal parameter substitution
128: result type of parameter function does not agree with declaration
129: type conflict of operands
130: expression is not of set type
131: tests on equality allowed only
132: strict inclusion not allowed
133: file comparison not allowed
134: illegal type of operand(s)
135: type of operand must be Boolean
136: set element type must be scalar or subrange
137: set element types not compatible
138: type of variable is not array
139: index type is not compatible with declaration
140: type of variable is not record
141: type of variable must be file or pointer
142: illegal parameter substitution
143: illegal type of loop control variable
144: illegal type of expression
145: type conflict
146: assignment of files not allowed
147: label type incompatible with selecting expression
148: subrange bounds must be scalar
149: index type must not be integer
150: assignment to standard function is not allowed
152: no such field in this record
153: type error in read
154: actual parameter must be variable
155: control variable must not be declared on intermediate level
156: multidefined case label
157: too many cases in case statement
158: missing corresponding variant declaration
159: real or string tagfields not allowed
160: previous declaration was not forward
161: again forward declared
162: parameter size must be constant
163: missing variant in declaration
164: substitution of standard proc/func not allowed
165: multidefined label
166: multideclared label
167: undeclared label
168: undefined label
169: error in base set
170: value parameter expected
171: standard file was redeclared
172: undeclared external file
173: FORTRAN procedure or function expected
174: PASCAL procedure or function expected
175: missing file "input" in program heading
176: missing file "output" in program heading
177: assignment to function identifier not allowed here
178: multidefined record variant

179: X-opt of actual proc/func does not match formal declaration
180: control variable must not be formal
181: constant part of address out of range

201: error in real constant: digit expected
202: string constant must not exceed source line
203: integer constant exceeds range
204: 8 or 9 in octal number
205: zero string not allowed
206: integer part of real constant exceeds range

250: too many nested scopes of idenyifiers
251: too many nested procedures and/or functions
252: too many forward references of procedure entries
253: procedure too long
254: too many long constants in this procedure
255: too many errors in this source line
256: too many external references
257: too many externals
258: too many local files
259: expression too complicated
260: too many exit labels

300: division by zero
301: no case provided for this value
302: index expression out of bounds
303: value to be assigned is out of bounds
304: element expression out of range

398: implementation restriction
399: variable dimension arrays not implemented

L LITERATURVERZEICHNIS

Buchliteratur zu (Revised) PASCAL

(72) N. Wirth: " The Programming Language PASCAL (Revised Report)", Bericht FG Comp.- Wiss. TH Zürich,49 S., Nov.72, Springer: Heidelberg, New York, Lecture Notes in Comp. Sc. Bd. 18, 49 S., 1974.

(75) K. Jensen, N. Wirth:" PASCAL, User Manual and Report", Springer: New York, Heidelberg, Berlin, 2. Ed., 167 pp., 1975.

(76) N. Wirth: " Revidierter Bericht über die Programmiersprache PASCAL ", Deutsche Übersetzung durch H. Schiemangk, G. Paulin, Akademie Verlag: Berlin, 48 S., 1976.

(76) K. H. Bachmann:" Die Programmiersprachen PASCAL und ALGOL 68", Akademie Verlag: Berlin, 220 S., 1976.

(76) R. Conway, D. Gries, E. C. Zimmerman:" A Primer on PASCAL", Wintrop Publishers: Cambridge Mass., 433 pp, 1976.

(77) H. Schauer: " PASCAL für Anfänger", 2. Auflage, Oldenbourg: Wien, München, 175 S., 1977.

(78) W. Findlay, D. A. Watt:" PASCAL , An Introduction to Methodical Programming", Pitman: London, 306 pp., Reprint 1979.

(78) E. Kaucher, R. Klatte, Ch. Ullrich:" Höhere Programmiersprachen ALGOL, FORTRAN, PASCAL", Bibl. Inst.: Mannheim, Wien, Zürich, 258 S., 1978.

(78) H. Rohlfing: " PASCAL , eine Einführung", Bibliogr. Institut: Mannheim etc., BI-HT Band 756, 217 S., 1978.

(78) M. G. Schneider, S. W. Weingart, D. M. Perlman:" An Introduction to Problem Solving and Programming with PASCAL", Wiley: New York, London, Sidney, Toronto, 368 pp, 1978.

(79) P. Grogono: " Programming in PASCAL , Addison - Wesley: Reading M.etc., 359 pp., 1979.

(79) R. Herschel, F. Pieper:" PASCAL , Systematische Darstellung von PASCAL und CONCURRENT PASCAL für den Anwender", Oldenbourg: München, Wien, 248 S., 1979.

(79) J. Welsh, J. Elder:" Introduction to PASCAL ", Prentice Hall: Englewood Cliffs NJ , London etc., 282 pp., 1979.

(80) A. M. Addyman:" A draft Proposal for PASCAL ", ACM SIGPLAN Notices, Vol.15, No.4,pp 1-66, Apr.80.

Eine Auswahl von Algorithmen- und Aufgabensammlungen

(69) D. E. Knuth: " The Art of Computer Programming", Vol. 1: " Fundamental Algorithms", Addison- Wesley: Reading, Massachusetts, 634 pp., 1969.

(71) D. E. Knuth: " The Art of Computer Programming", Vol. 2: " Seminumerical Algorithms", Addison - Wesley: Reading, Massacusetts, 624 pp., 1971.

(72) O. J. Dahl, E. W. Dijkstra, A. R. Hoare: " Structured Programming", Academic Press: London, 220 pp.,1972.

(72) H. A. Maurer, M. R. Williams: " A Collection of Programming Problems and Techniques", Prentice - Hall: Englewood Cliffs, New Yersey, 256 pp., 1972.
Englewood Cliffs, New Yersey, 256 pp., 1972.
(72) L. Collatz, J. Albrecht (Hrg.): " Aufgaben aus der Angewandten Mathematik I", Vieweg: Braunschweig, 141 S., 1972.

(73) L. Collatz, J. Albrecht (Hrg.): " Aufgaben aus der Angewandten Mathematik II ", Vieweg: Braunschweig, 141 S., 1973.

(73) D. E. Knuth: " The Art of Computer Programming", Vol. 3: " Sorting and Searching", Addison - Wesley: Reading, Massachusetts, 722 pp., 1972.

(73) Norw. Comp. C.:"8 Simulation Problems with suggested Solutions, Part I+II ", Norw. Comp. C.: Oslo S53+53A, 14+40pp, 1973.

(74) H. A. Maurer: " Datenstrukturen und Programmierverfahren", Teubner Studienbücher Informatik: Stuttgart, 222 S.,1974.

(75) N. Wirth: " Algorithmen und Datenstrukturen", Teubner Studienbücher: Stuttgart, 376 S., 1975.

(75) F. L. Bauer, R. Gnatz, U. Hill: " Informatik, Aufgaben und Lösungen", Erster Teil, Springer: Heidelberger Taschenbücher, Berlin, Heidelberg, New York, 166 S., 1975.

(76) F. L. Bauer, R. Gnatz, U. Hill: " Informatik, Aufgaben und Lösungen", Zweiter Teil, Springer: Heidelberger Taschenbücher, Berlin, Heidelberg, New York, 173 S., 1976.

(77) E. Denert, R. Franck: " Datenstrukturen", Bibliographisches Institut - Wissenschaftsverlag: Mannheim, Wien, Zürich, 362 S., 1977.

(78) N. Wirth: " Systematisches Programmieren", 3. Auflage, Teubner: Stuttgart, 160 S., 1978.

I ALPHABETISCHER INDEX

Dieser Index enthält alphabetisch geordnet alle im Vorwort und in den Kapiteln 0-9 verwendeten Begriffe in Deutsch sowie alle im Anhang definierten Original - Bezeichnungen aus dem PASCAL - Report in Englisch.